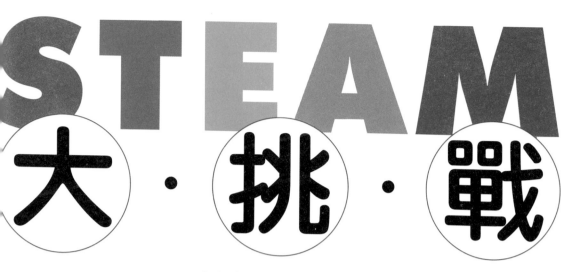

STEAM 大‧挑‧戰

32個趣味任務，
開發孩子的設計思考力＋問題解決力

許兆芳———著
（毛毛蟲老師）

這本書真是吸引人！每個單元我都迫不及待想試試看，親身去體驗任務導向的學習歷程。想像孩子能在這樣有趣的過程中學習科學，令人羨慕卻也感到欣慰，尤其是透過毛毛蟲老師精心安排的流程與引導，邊做邊玩中不知不覺就提升了探究能力，這可是科學教育工作者夢寐以求的境界啊。期待爸媽師長們能陪著孩子一起學習，你會發現自己的收穫遠遠超乎想像！

──中央大學科學教育中心主任、http://物理.tw/網站負責人　朱慶琪

和兆芳因小創客平台（barter.tw）課程合作而認識，見其將專長結合陪伴幼女的經驗，轉化成數篇兼具視覺美感與教學實務的學習活動，我就知道，第二部作品有多麼值得期待。時常看到兆芳為了一個活動焦點，絞盡腦汁、靈活變通的執著與創意，深知他本身就是富有「STEAM」特質的人；在此書出版的過程中，雖然搭上STEAM的浪潮，但兆芳不敢輕忽，常常思考如何透過操作性素材與探究的彈性，來緊扣STEAM的實踐，絕對是一本引導家長與幼教老師陪伴孩子玩索STEAM的最佳良伴！

──三沃創意有限公司執行長暨BARTER x BARTER小創客平台創辦人　許琳翊
（星期天老師）

「哇！這些材料取得好簡單，我在家就可以帶著孩子做啊！」兆芳老師的科學遊戲書總是能引起孩子對科學探索的興趣。繼上次的《親子FUN科學》後，對科學教育充滿熱情且經驗豐富的兆芳老師，這次一樣是利用生活中隨手可得的材料，依不同的主題設計32個有趣且具任務性的科學遊戲，透過實作，讓孩子去觀察、思考、發現問題、擬定策略後解決

問題，進而創造無限可能。淺顯易懂的科學概念說明，更能讓孩子家長輕鬆上手，儼然就是一本帶著大家一起動腦動手玩的科學闖關遊戲書，讓人迫不及待的想要挑戰各項任務，跟著書一起邊玩邊學！

——FB粉絲頁「滾妹‧這一家」版主　滾媽

安排孩子接觸科學活動，除了讓他們在感官上有所驚豔、動手做有真實感之外，應該要能引導孩子們去想想如何面對問題，甚至設法解決問題。作者多年來參與科學推廣的實務經驗，在科學活動的設計上，不再只局限於動手做，更藉由挑戰任務的規劃，讓讀者能進一步去思考解決問題。本書引導讀者從「觀察」、「比較」入門，「思考」、「推理」下手，內容設計「由淺入深，循序漸進」，是涵養科學素養的最佳入門書。

——國立臺北護理健康大學嬰幼兒保育系副教授　潘愷

翻閱新書，映入眼簾的是色彩繽紛、充滿童趣與想像的各式STEAM闖關活動。兆芳老師運用了日常生活中隨手可得的物品，或許是一個衣夾，也或許只是一個紙杯或鈕釦，任何不起眼的小東西，透過巧思加以組合，就可以成為引導孩子增進手眼協調能力、想像力，連結科學與生活的創意教具。近來STEAM教育在台灣漸漸受到重視，但相關資訊並不完整，適合台灣小朋友因地制宜能接地氣的教案更是少之又少，苦思如何帶領小朋友學習STEAM相關課程的老師及家長們，透過兆芳老師專業又貼近兒童學習螺旋的文字敘述，不啻提供了一盞明燈，心動不如馬上行動，快來接受兆芳老師的STEAM大挑戰吧！

——FB粉絲頁「阿魯米玩科學」版主、宜蘭縣岳明國小老師　盧俊良

　　很開心繼《親子FUN科學》一書，有機會再次與大家分享科學遊戲！有別於前一本食譜式的科學活動，這次主題呼應當今備受關注的探究實作與STEAM教育，故以任務方式呈現，藉由提問思考、參考範例等方式，引導孩子自主學習。

　　為了撰寫本書，筆者多次與教學現場的教師談及STEAM議題，認為既有的諸多教學法其實早已蘊含STEAM精神。STEAM教育的核心精神除了在解決跨領域的真實問題，教師也從教學者變成引導者的角色，鼓勵學生發展自我解決問題的能力。因此，筆者反覆調整任務設計、提問與實作範例，帶領孩子實際挑戰，讓孩子不只能模仿實作，更保有自行探索的機會，以貼近STEAM教育傳遞的精神。

　　這本書得已完成，首先要感謝家人的體諒及支持，同時謝謝中央大學科教中心、台灣生態教育發展協會（eye上大自然）、Barter x Barter.實現你的想像—小創客平台、臺北市福安兒童服務中心、新北市新店區屈尺國民小學、關鍵科學等單位，讓筆者有機會引導孩子們進行其中的任務挑戰，這些經驗都使得本書內容更加豐富完整。最後，感謝曾經給予建議的師長朋友與城邦商周出版的支持與建議，促成本書的出版。

許兆芳　　2018.11.13

跳脫食譜式的科學實驗，
從實作挑戰培養解決問題新思維

近幾年教育界掀起一股「翻轉教育」熱潮，「STEAM」、「創客」等議題備受關注。筆者認為前述議題並非全新的概念，裡頭強調的教育理念過去就存在。隨著教學資源更豐富多元，學習工具日新月異，我們因此有更多機會把知識和生活議題連結得更加緊密，幫助孩子理解各種新科技與應用，培養發展設計思維、推理、實驗和創造創新的能力。

本書規劃32個科學實作挑戰，當中的思考與實作過程都能與生活的問題產生連結，滿足孩子的好奇心和探索興趣，讓他們有機會透過解決實際應用問題來學習科學（Science）、工程學（Engineering）和數學（Mathematics），進而掌握科技（Technology）動向，甚至融入藝術（Art）元素。為此，內文呈現以引導挑戰者思考或提供範例為主，取代食譜式的實驗操作，期待大家從實作中學習分析與解決問題的能力。

師長朋友們可以利用本書作為橋梁，與課程知識結合，引導孩子從「分析提問」、「設計思考」、「動手實作」與「設計修正」四個環節進行挑戰。如同工程師解決問題的程序，將這些歷程用紙筆記錄下來，有助於檢驗想法與實作之間的落差，與提出修正建議，落實STEAM教育的精神與目的。

《STEAM大挑戰》使用指南

　　各任務以挑戰難度、任務搜查線、實作攻略等標題分類說明、圖文呈現。挑戰沒有標準答案，期待挑戰者針對對任務內容進行分析提問、設計思考、動手實作與設計修正，培養解決問題的能力，從實作中尋找創新的可能。

❶ 挑戰難度：

　★操作難度不高，容易完成任務。

　★★需經過練習才能掌握技巧，完成挑戰。

　★★★反覆操作練習，並勇於嘗試各種方法，才能達成任務。

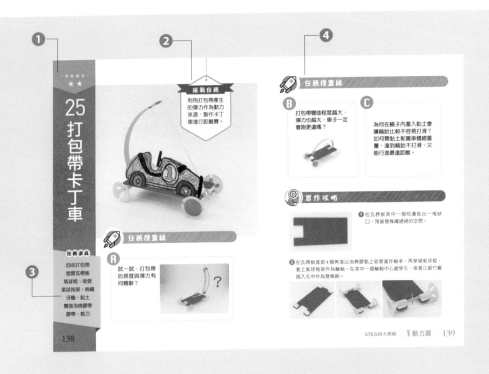

❷ **挑戰任務**：任務內容說明。

❸ **任務道具**：說明任務所需使用的材料與物品。

❹ **任務搜查線**：保持問題開放性，提示挑戰重點，引導挑戰者思考、快速掌握方向。

❺ **實作攻略**：分享具體實作案例，鼓勵挑戰者藉由模仿來進行創新設計。

❻ **科學探究**：跳脫艱難的理論說明與公式符號，重點說明任務所涉及的科學概念，並連結生活經驗，活用科學知識。

❼ **關主的話**：說明任務與STEAM精神的關聯性，或提供延伸創意的參考。

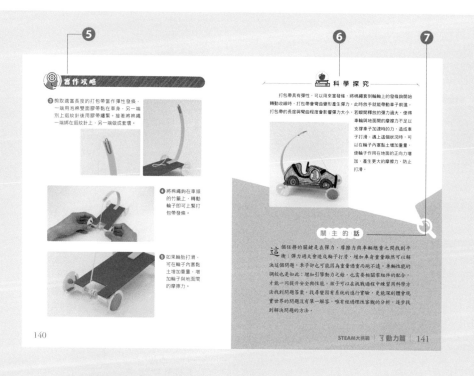

目錄・Contents

建築篇

你有想過各種建築物的結構是如何搭建？各地具代表性的建築又隱藏哪些挑戰？萬丈高樓平地起，建築不只是堆疊。鈕釦、黏土、廚房餐具，甚至食材等材料，都可以拿來玩建築遊戲。善用各種材料的特性、形狀，發揮你的豐富想像排列相接，完成各種有趣的任務。

滾球篇

滾球遊戲向來令人著迷，從出生會爬行的孩子到成人，只要看見滾動裝置，幾乎都會忍不住停下腳步觀賞。這篇提供各種滾動在平面、立體、結構或機關的有趣點子，讓你在家出門不無聊，一起挑戰創意極限。

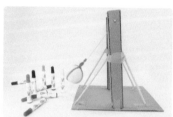

建築篇

你有想過各種建築物的結構是如何搭建？各地具代表性的
建築又隱藏哪些挑戰？萬丈高樓平地起，建築不只是堆疊。
鈕釦、黏土、廚房餐具，甚至食材等材料，都可以拿來玩
建築遊戲。善用各種材料的特性、形狀，發揮你的豐富想
像排列相接，完成各種有趣的任務。

01

彩虹冰棒怪怪屋

利用冰棒棍與木
夾搭建一座造型
建築，並為它命
名。

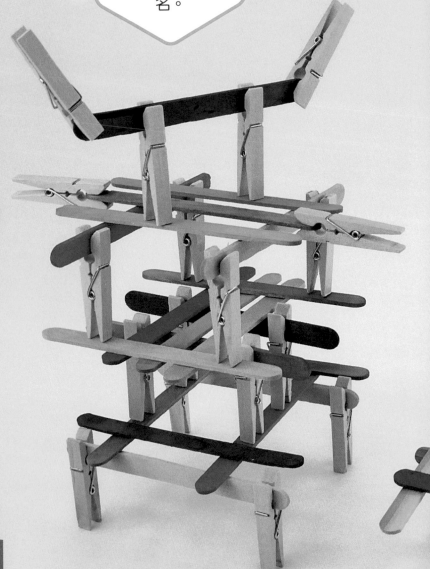

任務道具

冰棒棍
木夾

A 用夾子夾住冰棒棍，像玩積木般進行堆疊，考驗大家的平衡感，把怪怪屋蓋得又高又穩！

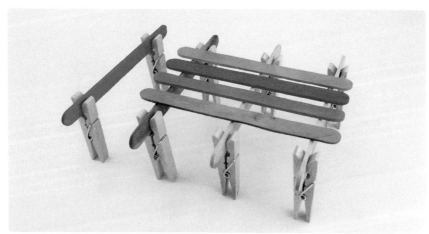

B 參考特色建築，仿照外型、比例與結構等特徵，試著用冰棒棍與木夾來搭建。

用夾子夾住冰棒棍做成框架，在平坦桌面層層搭建，擺放時動作放輕，注意平衡。也可以用夾子固定冰棒棍，搭建各種造型特殊的建築，觀察所有能支撐平面的擺放方式，調整平衡絕對是蓋出怪怪屋的關鍵。

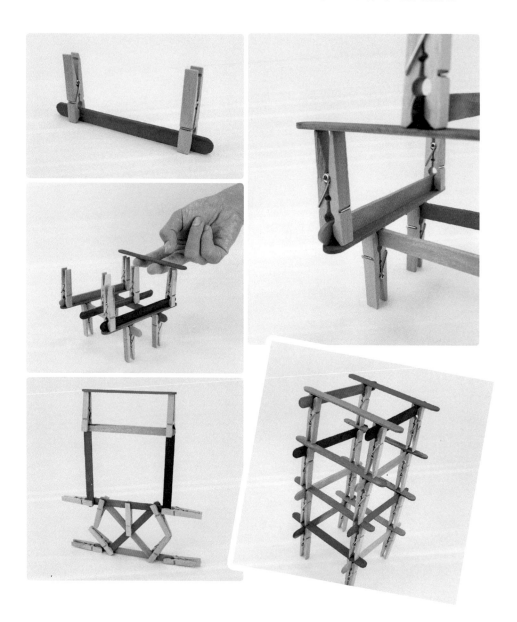

方形木夾在各個立面都容易穩定站立，適合作為堆高的立柱或支撐輔具，讓結構更穩固。如果想堆出又高又穩的建築，過程中得隨時從不同方向觀察結構面是否水平、立柱是否垂直，是比較容易的方法。或者你也可以挑戰難度較高的平衡怪怪屋，在搭建過程微調結構平衡。

關 主 的 話

建築過程的度量工作非常重要，樓板是否水平、牆面是否垂直等等，都必須精準的控制在誤差範圍內。這個活動操作簡單，孩子能在過程中體驗建築結構平衡的重要性，進而發揮創意，建造平衡怪怪屋。家長也別急著幫忙出主意，可以引導孩子觀察結構是否平衡，陪伴練習輕巧又精準的擺放框架，從操作中體驗建築涉及的科學、科技、工程與數學概念。更鼓勵親子一起發想更多有趣的玩法喔！

挑戰任務

用鈕釦與黏土搭建摩天大樓，挑戰自我最高紀錄。

－挑戰難度－

★

02 鈕釦摩天大樓

任務道具

造型鈕釦

黏土

A 鈕釦的造型、種類很多，你覺得哪種最容易堆疊？

B 不同種類的黏土搓揉後的軟硬度不同，軟的好施工，但也容易碰歪；硬的需要稍微用力擠壓固定，一不小心可能會壓垮建築物。你會選擇哪一種呢？

C 蓋鈕釦牆時盡量不要歪斜，否則越蓋越高時就容易倒塌。

❶ 可先在作為樓板的
鈕釦上下兩面鋪好
黏土，鈕釦垂直插
入黏土作為牆面，
再往上添加樓板，
依序向上堆疊。

❷ 可以嘗試不同
的牆面蓋法，
看看你可以蓋
多高。再往上
添加樓板，依
序向上堆疊。

這個挑戰的概念很簡單，牆面與樓板請盡量保持垂直。隨著高度增加，建築的整體重量也會越來越重，如果某一層樓的牆面歪斜，黏土就會受到更多側向的分力擠壓，直到無法支撐而垮下來。

關主的話

這個活動使用最簡單的材料鈕釦當作樓板和牆面，以黏土代替水泥，讓孩子比較結合不同材料時會遇上的問題。這些問題雖然不比真實情況複雜，但孩子可以從操作中感受真實的物理經驗，還有現實生活中的兩難抉擇。

利用紙杯堆疊金字塔，盡可能讓規模越大越好。

03 紙杯金字塔

任務道具

同款造型紙杯

任務搜查線

A 紙杯的外型會影響金字塔的穩定性嗎？

B 紙杯可以怎麼堆疊呢？

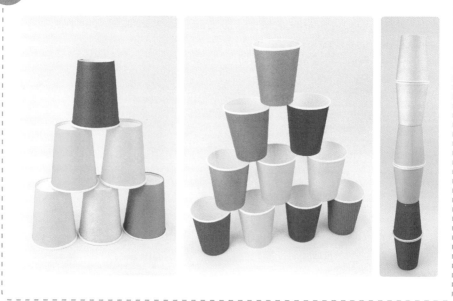

C 如何排列堆疊可以讓建築底座更大？

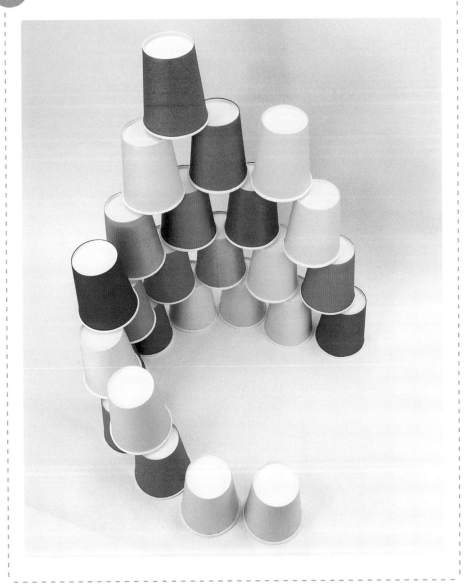

錐形金字塔太困難？就從平面三角金字塔找靈感與手感吧！爸媽可以當孩子的夥伴，聽從他的指示，偶爾幫忙微調位置，或適時引導從不同角度觀察建築是否歪斜，留給孩子調整機會與失敗經驗，從經驗中學習也是這個挑戰的重點喔。

❶ 三角金字塔

排列紙杯開始堆疊，過程請留意平衡，其中1～2個杯子放歪並不會立即造成崩塌，但你可能會發現隨著建築規模越來越大，金字塔會開始歪斜，必須一邊調整擺放位置，讓建築物保持平衡。

❷ 四角錐形金字塔

將方形底部排出，接著往上層層堆疊。可以先建造小型金字塔，再逐步向兩側與上方延伸。

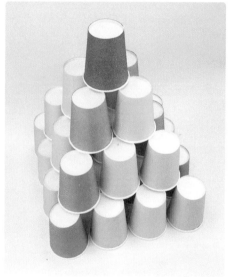

科 學 探 究

　　你有發現堆疊時把杯子倒蓋比較容易嗎？從平衡的科學概念來說明，下寬上窄的結構相對穩定。如果要把金字塔蓋得更高更大，將每個杯子擺放在適當的支撐點以保持平衡更為重要。

　　由於每個杯子擺放的位置會有些微誤差，隨著平面三角金字塔越堆越高，誤差會越來越來大，使得高塔的整體重心偏移，並往某一側傾斜，所以過程中需隨時觀察調整擺放位置，讓整體結構保持平衡。

　　你也許會發現四角錐形金字塔擺放起來相對穩定，因為第二層開始的每個杯子下方都有4個杯子在支撐，整體建築下寬上窄，更為穩固。

關 主 的 話

　　這個活動可以體會結構與平衡對建築過程的重要性。另外，每一次的堆疊雖然看似準確，塔面卻會隨著金字塔越蓋越高，而越來越歪斜；這個經驗可以帶孩子認識現實生活中所有產品或組裝過程都會產生肉眼難以發現的誤差，以及該如何減少誤差、修正誤差帶來的困擾。

　　年紀較大的孩子挑戰時，還可以限制紙杯數量，在設定時間內蓋出更高的金字塔。爸媽可以引導孩子在建構前計算出正確的基座數量與堆疊層數，以更有效率的完成任務。

　　挑戰還沒結束喔！大家還可以嘗試堆疊更多有趣的建築形體，找出對應的堆疊平衡技巧。

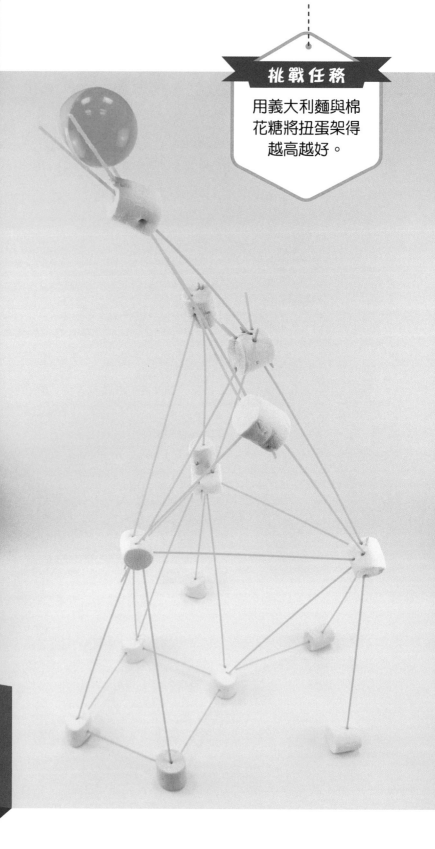

04 扭蛋義大利麵塔

挑戰任務

用義大利麵與棉花糖將扭蛋架得越高越好。

任務道具

義大利麵20條
棉花糖15顆
扭蛋1顆

A 如何蓋出穩固的義大利麵塔呢？想一想，什麼樣的結構會比較穩定？

B 如何把圓滾滾的扭蛋平穩的放在高塔上呢？

實作攻略

　　已經有想法了嗎？動手繪製草圖，合作把高塔架起來，每次挑戰不妨換換結構造型，看看是否能疊得更高。立方體結構容易製作且穩定，可以從它開始嘗試，過程中如果容易歪斜傾倒，可以在斜對角處加上一根義大利麵，會發現結構穩固許多。堆疊過程如果需要銜接棉花糖，可以準備兩根短麵條，從不同方向斜插固定。最後別忘記在頂端設置三個支點固定扭蛋，或直接把它放在棉花糖上，量量高度看看你能蓋多高。

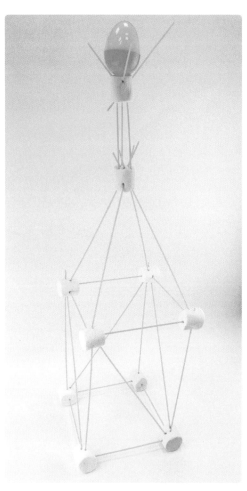

科學探究

堅固的材料可以建造堅固的建築物,但材料的承重力仍然有限,如果巧妙的運用結構,可以蓋出更堅固的建築物,甚至還能使用更少的材料。搭建過程中會發現有些結構形狀特別堅固,例如對角支撐就是增加結構強度和穩定性最簡單的方法之一。

關主的話

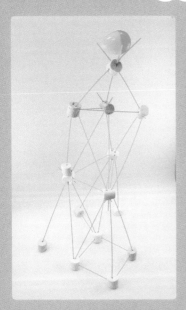

過程中你們是否被棉花糖的味道吸引了呢?搭建過程比想像中困難嗎?現實生活中的建築物,除了需擁有基本的結構強度,還需能抵抗颱風地震。如何在控制成本的條件下,搭建出有造型且堅固的房子正是建築師的挑戰。這個活動能讓孩子感受到現實生活中若想以有限的時間、資源完成某項挑戰,並不一定需要繁瑣的公式計算,只需大膽動手嘗試,就能體驗工程結構的巧思。

05 撲克牌大橋

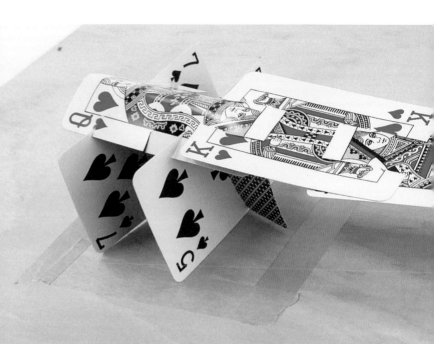

挑戰任務

橋梁必須橫跨2
個相距16公分的
方形區域,每個
區域範圍為12 X
12公分的正方
形,最後在橋面
放螺絲或鐵釘挑
戰負重程度。限
時7分鐘。

任務搜查線

A 可藉由彎折或剪裁相
嵌撲克牌等方式製作
橋墩,找出最快且穩
固的方法。

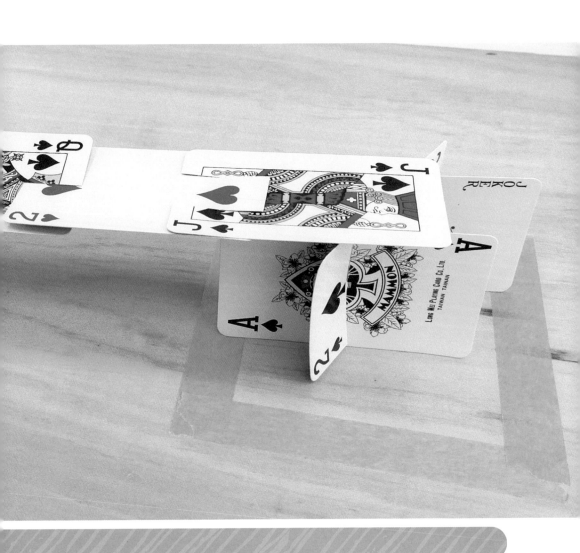

B 鋪設橋面很容易，但要組合成堅固、可載重的橋面就有點
難度。想一想，如何相嵌可以讓結構更堅固又耐重？

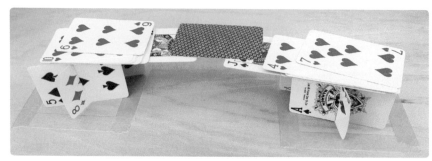

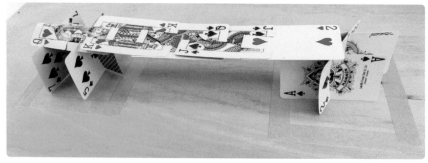

C 平整的撲克牌組成較長的橋面或載重後容易彎曲變形，什
麼樣 的結構可以更耐重且堅固呢？

試試以下幾種撲克牌相嵌方式，或許能從中找到搭建靈感。家長可以帶領缺乏操作經驗的孩子一起仿做以下結構。

❶ 平面相嵌

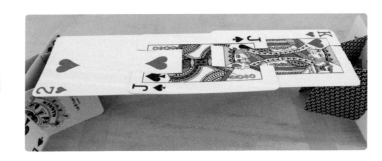

❷ 交叉相嵌

❸ 變形相嵌

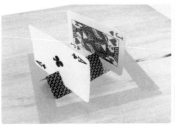

參考以上幾種方法加以改造應用，組出橋墩立柱結構與橋面。最後在橋面擺上螺絲等重物，挑戰能夠承載多少重量。

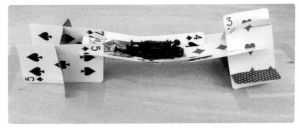

柔軟的紙張經過彎折變形、組合，就有機會
承受特定方向的外力，常見的瓦楞紙箱也是利用
相同概念，所以質量輕卻能耐重。這個挑戰任務
不使用黏膠，而是利用彎折與相嵌紙牌做出堅固
結構。你會發現平面相嵌可以快速搭建出堅固又
耐重的橋面；交叉相嵌可以有效承重，考慮受力
方向，通常三角形或有斜向支撐的結構，會比容
易歪斜的四邊形來得堅固。變形相嵌是將紙牌彎
折後再組合，有機會提高橋樑強度。

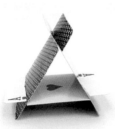  

關 主 的 話

生活中的物品大多會採用符合使用強度的結構設計，而且重量輕
巧，製程也盡可能簡單。這個挑戰正是要讓大家體驗在有限的時
間內搭建出最耐重的撲克牌大橋。你可以試試各種相嵌方式，讓結構
穩固不扭轉。

材料重量也會影響建築結構，假使結構強度無法支撐材料重量，
建築就會變形或塌陷。大家可以記錄每次挑戰所用的撲克牌張數，看
看能否使用更少的撲克牌完成任務。

06

網球塔台

用吸管建造一
座最高的網球
塔台。

吸管、遮蔽膠帶
網球、剪刀

A 吸管支撐得住網球的重量嗎？塔柱與地面接觸的範圍能夠讓網球保持平衡嗎？快來動手試一試，搭建出又高又穩的吸管高塔。

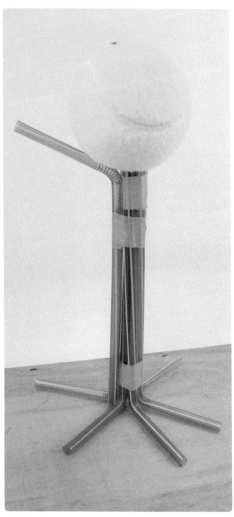

B 把網球平穩的固定在塔頂是任務的重點，想一想哪些支撐方法可以讓圓球不滾動？

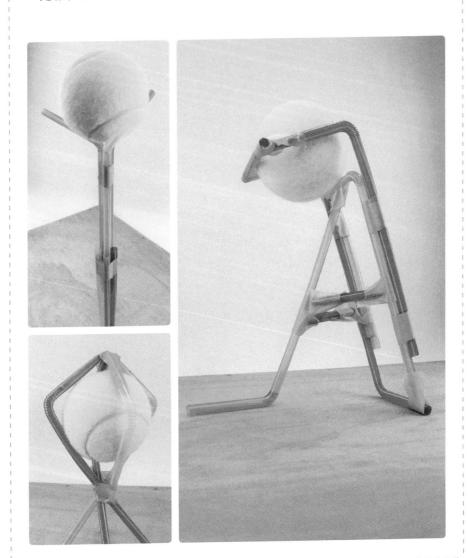

這個活動可以親子合作進行，彼此幫忙調整吸管角度、支撐固定。參考攝影腳架的結構，將3根吸管立成三角錐的形狀，同時調整架設角度，每支腳柱間以吸管橫向相接，並以遮蔽膠帶纏繞，最後將網球置入上方框架就大功告成了！

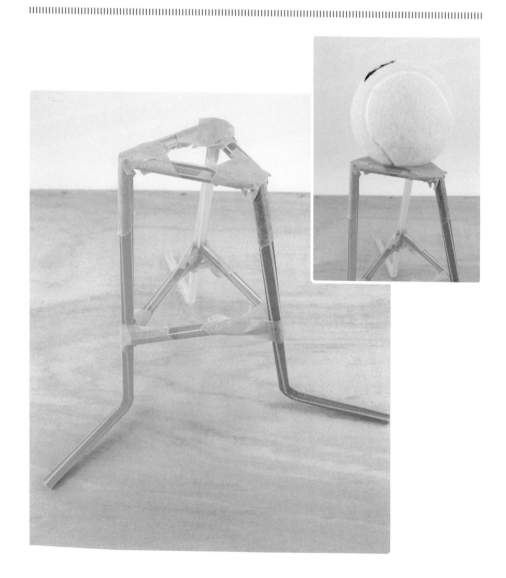

科 學 探 究

網球比吸管重，而且放在最頂端，使得高塔重心偏高，因此維持高塔平衡不傾倒更重要。結構設計不同，穩定度也不同，例如垂直架設能用少量的吸管提供較大的支撐力，但塔台底座的支點範圍相對較小，高塔一旦歪斜就容易傾倒；錐狀底座範圍較大，穩定度也較高，但吸管受到的側向力量較大，需要加強支撐結構。

關 主 的 話

這個挑戰說明了重心與平衡對建築結構的重要性。每種搭建方式提供的支撐力與穩定度都不相同，沒有絕對的好壞，每種設計都有其特點，需要解決的問題也不同，只要動動腦，你也可以蓋出有創意的網球塔台。你也可以挑戰進階玩法，以有限的吸管數量完成任務。

最後提醒大家，玩科學不忘減塑愛地球，沒有吸管不用特別買，可以利用紙張捲成吸管狀進行遊戲，更具挑戰性！

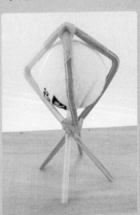

07 跨海吊橋

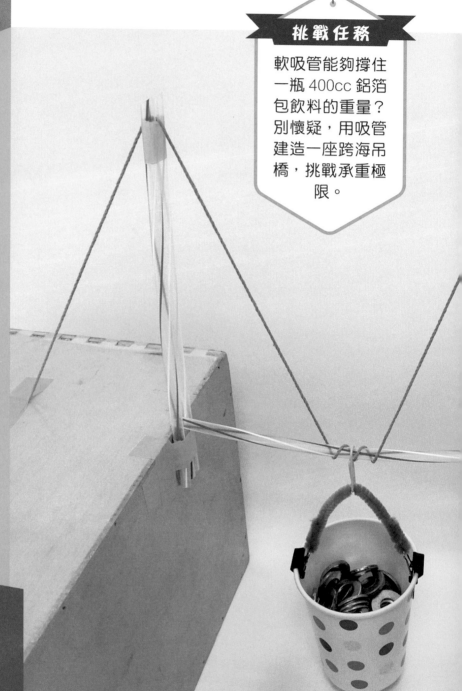

任務道具

吸管、細棉繩
遮蔽膠帶
迴紋針、毛根
長尾夾、紙杯
金屬墊片

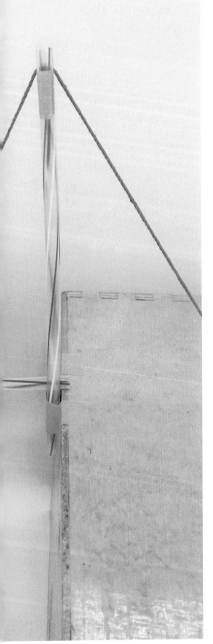

Ａ 相同的橋梁設計，你覺得加上棉線能增加多少承重力？

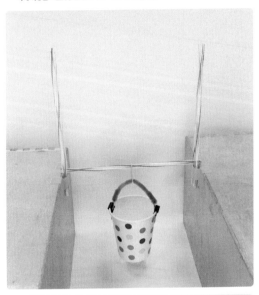

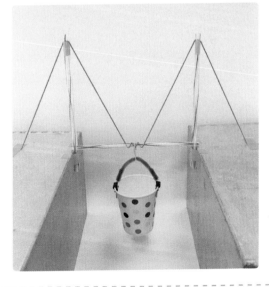

B 你可以改變橋塔高度及棉繩固定在桌面的位置，試試怎樣的設計會更耐重？

 實作攻略

❶ 在2根吸管底部中間夾一小段吸管後以遮蔽膠帶固定，再黏貼至桌邊作為橋塔，接近吸管頂端的地方也以遮蔽膠帶固定。以相同方法在另一側製作橋塔。

42

② 再將另一根吸管橫放在2座橋塔中央的縫隙靠在桌面，最後將棉繩纏繞在橋面後跨過兩側橋塔上方鞍座，用遮蔽膠帶將棉繩尾端固定在桌面上。

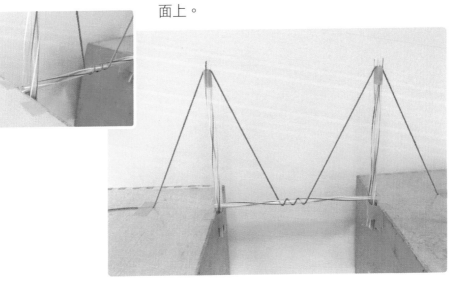

③ 在紙杯杯緣兩側夾上長尾夾，將毛根穿過兩側長尾夾的耳朵，最後以迴紋針將杯子掛在吊橋上進行測試，看看能承載多少重量。

　　在相同的材料條件下，吊橋會比簡單的橋梁更能支撐重量，並跨越更長的距離，因為棉繩的張力與吸管橋塔的支撐分攤了橋面的載重，由於橋塔不太會受到側向的力量，所以結構上可以使用纖細的吸管。

　　實作中你會發現遮蔽膠帶的黏性或吸管的軟硬度也會造成影響，也可以修剪吸管橋塔高度以增加強度，並調整棉線黏貼在桌面的夾角，妥善分散受力，找到適合的設計。

關 主 的 話

橋梁隨處可見，施工方法也變化多端，本單元以較為簡單卻又容易感受的吊橋當作主題，從搭建過程發現橋梁力學的奧妙。你可以比較出當使用材料和搭建環境相同時，吊橋比一般橋梁能跨越更長的距離，現實生活中的吊橋容易受到外力影響而變形，卻不易斷裂，更容易承受地震等外力，這類型的橋梁很常用於連接海峽兩岸喔！

08 最遙遠的距離

任務道具

2個杯子
6根可彎吸管
1張A4影印紙
1張鋁箔紙
6公分長膠帶
2個迴紋針
2根毛根

挑戰任務

建造一個結構，能夠把杯子疊高，並且讓2個杯子相距越遠越好。利用2分鐘設計，7分鐘製作，1分鐘測試結構。

任務搜查線

A 試一試每種材質有什麼特性？找出適合架高並且能支撐杯子的材料。

B 如何連接這些材料？毛根容易彎折串接吸管，或是利用鋁箔紙的可繞性讓結構更穩固。

46

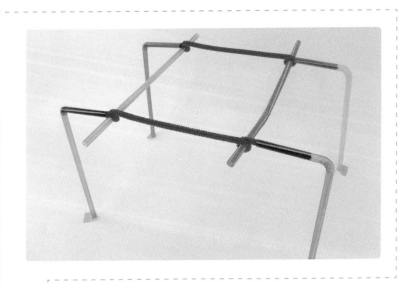

C 來點創意！杯子一定要正的放嗎？？

實作攻略

還沒有靈感嗎？如果不太熟悉材料的特性，可以先嘗試利用不同材料製作可以承重的結構，累積使用經驗再挑戰本單元。你可以用吸管串接做出支架；或是用紙張捲成圓柱結構，觀察支撐強度；也可以用鋁箔紙摺出不同造型來支撐或增加結構強度；甚至複合2種以上的材質都有機會讓結構更堅固。

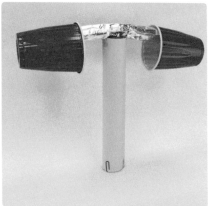
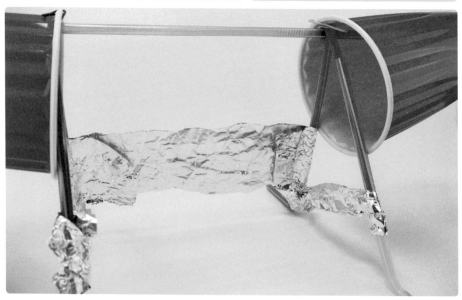

建立穩固的結構非常重要，你會發現柱狀結構的支撐強度較高。此外，剛性結構可避免框架晃動，最常見的做法就是採用三角型結構，或補強平行立柱間的結構。由於各種材質的特性不同，你也可以嘗試貼合2種以上的材質來強化結構。

支撐杯子的結構平衡也很重要。不論是搭建擺放杯子的平台，還是設計頂住杯子的角柱，都得考慮到重量分配問題，這樣平台才不至於傾倒或壓垮角柱。

關 主 的 話

這個活動有趣的地方在於利用生活中容易取得的材料進行搭建任務，不僅有助於培養孩子提出想法、預測、實作再修正的科學態度。孩子常常容易將重點放在如何架高杯子，而忽略結構穩定的重要性，家長可以先觀望，讓孩子嘗試挑戰，這是探索材料特性的好機會，家長也可以適時提出自己的想法與孩子交流，提供模仿學習的機會，或是相互挑戰，有時候會發現孩子的想法，遠比成人更有創意。

滾球篇

滾球遊戲向來令人著迷，從出生會爬行的孩子到成人，只要看見滾動裝置，幾乎都會忍不住停下腳步觀賞。這篇提供各種滾動在平面、立體、結構或機關的有趣點子，讓你在家出門不無聊，一起挑戰創意極限。

09 星際滾珠台

挑戰任務

在盤面上製作滾球軌道與關卡，並制訂分數，邀請好友一起來挑戰！

任務道具

紙盤
彩色書面紙
膠帶、蠟繩
彈珠、冰棒棍

A 想設計哪些關卡？隧道、軌道或山洞，還是難度更高的迷宮呢？

B 彈珠一定要滾在盤面上嗎？試試懸空的軌道吧！

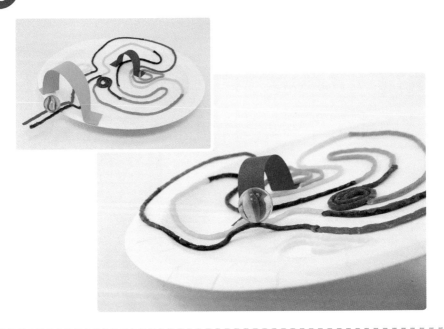

參考盤面與彈珠尺寸，設計大小適當的關卡，例如軌道、山洞或拱橋等等，還可以設定通過各道關卡的分數。邀請大家一起來闖關，限時挑戰看誰最高分。

控制彈珠前進方向並不容易，尤其通過彎道時需要減速，否則當圓盤的高度不夠，無法提供足夠的向心力時，彈珠就容易脫離軌道。進行挑戰時，可多練習找出過彎的最佳速度。

彈珠要滾上斜面或懸空軌道橋時，需傾斜圓盤，但球來到下坡路段時必須趕緊調整傾斜角度，不然傾斜角度太大，彈珠一不小心就會衝出軌道。製作時斜面或懸空軌道橋時可以多嘗試修正，避免難度過高。

關 主 的 話

這類滾球遊戲總能讓孩子著迷，小小一個盤面，提供孩子無限的創作想像。可設計過山洞、高速轉彎、迷宮挑戰等關卡考驗身旁的夥伴。在創作過程中，孩子能觀察到科學現象與數學度量的重要；製作過程中的反覆修正，有助孩子培養工程設計思維。有些孩子習慣直接動手嘗試，從錯誤中修正，有些孩子喜歡先設計繪製草圖再開始製作，家長可以就孩子擅長的學習模式給與引導，一起投入遊戲。

10 吹球障礙迷宮

設計製作以吸管吹氣控制滾球移動的障礙迷宮，至少包含2個障礙關卡，主題分別為「陷阱」、「飛越」，一起來動動腦！

任務道具

彩色膠帶
毛根、冰棒棍
積木、吸管
絨毛球

Ａ 陷阱可以阻礙球前進，或是讓球困在某個機關內不容易逃脫，以便成功拖延挑戰者的闖關時間。

B 讓球飛起來的方法很多，從最簡單的斜坡，到高低落差所形成的拋體運動，或是用吹氣推動小球。

這個活動很適合家人一起在家裡的地板上共同創作喔！利用彩色膠帶規劃動線，在路徑上架設挑戰關卡。可以在轉角處設計山洞陷阱，如果闖進去也別怕，利用氣流就可以把小球帶出來。遇上斷軌也不用擔心，利用斜坡跳躍，繼續前進。

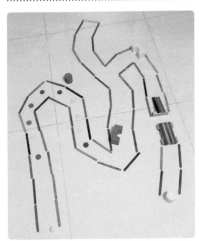

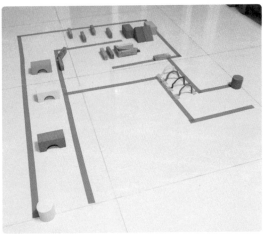

科學探究

想移動滾球，掌握吹氣力道是關鍵，因為球滾動太快可能會脫離軌道。本單元設定「陷阱」與「飛越」兩個主題，當球困在陷阱中，有時怎麼吹就是吹不出來，可以試試用吸管對小球側邊吹氣，利用氣流將小球帶出來；遇上飛越關卡，試試一鼓作氣快速吹出氣流，讓小球有足夠的加速度，利用斜坡飛越陷阱。

關主的話

這個遊戲適合3~99歲的朋友，小朋友可以練習控制吹球，進行簡單的手作與創意發想，大朋友可以結合科學概念與工程技術設計挑戰關卡，家人朋友相互挑戰獲得樂趣。關主認為，比起成功阻礙夥伴破關，能夠巧妙的將關卡設定在有點難、但卻可以經過練習挑戰成功的難度，可能讓人更有成就感。本篇僅羅列一些容易取得的材料作參考，你也可以善用家中各類物品或回收材料進行創作。有點子了嗎？快點動起來！

11

瘋狂彈珠台

任務道具

紙盒、冰棒棍
吸管、西卡紙
橡皮筋、圖釘
瓶蓋
衛生紙捲、膠帶
雙面泡棉膠

挑戰任務

應用槓桿和斜面
來構建彈珠台,
並利用生活中容
易搜集的材料,
創作各種機關。

任務搜查線

A 如何利用「槓桿」製作打擊器呢？

B 你有玩過電玩或遊戲場的彈珠台嗎？各種有趣機關把彈珠「彈、飛、轉、碰」，哪個關卡最吸引你？快把它做出來～

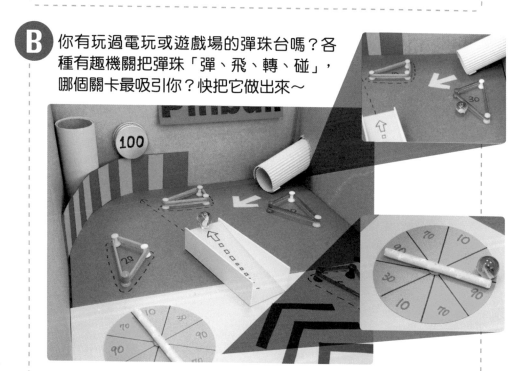

① 尋找大小合適的材料架高彈珠台一側。

 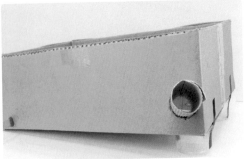

② 取2根冰棒棍做成打擊板，切開紙箱低側左右邊緣當作打擊板支點，把冰棒棍穿過去，調整到順手位置後以橡皮筋固定。

③ 用瓦楞紙捲成筒狀做成進球軌道，在紙箱高側邊緣割出圓型缺口，插入瓦楞紙捲，固定在台面上方。

④ 在台面上添加任何你想到的關卡，製作曲線、障礙，或利用圖釘與吸管組成輪盤，甚至加入敲擊時會發出聲響的物品。

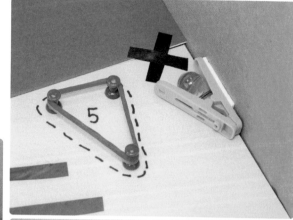

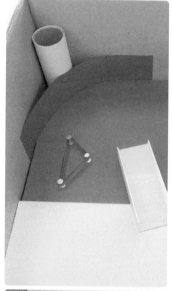

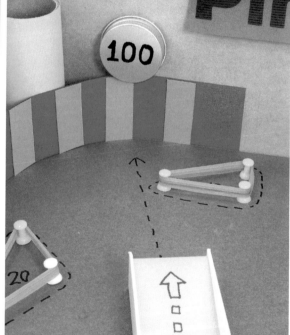

彈珠會往斜面低處滾動，途中碰撞障礙物的反彈途徑，與傾斜角度及障礙物形狀有關。斜面越斜，彈珠越快滾到台面底部，你的反應就要越快，可以邊玩邊調整彈珠台的傾斜度。

槓桿裝置是用來彈射彈珠，手的施力位置和彈珠碰到打擊器的落點，都關係著彈珠彈射的速度與角度。你可以試試在不同的位置擊發彈珠後，彈珠的彈射速度與方向。

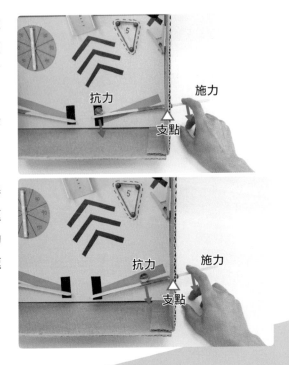

關主的話

製作彈珠台的過程充滿許多科學實驗，例如台面的傾斜角度關係著彈珠落下的速度，槓桿彈射器的尺寸會影響打擊手感，而機關的固定位置更需反覆試玩調整，以免某些機關永遠沒有彈珠光顧，降低挑戰趣味度。材料、使用工具或固定方式的不同，也能讓孩子學到正確使用工具與解決結構問題的能力。家長可適時給予操作協助或共同創意發想，完成作品後一起挑戰，並和孩子討論其中最滿意的設計，以及可以修正的部分。

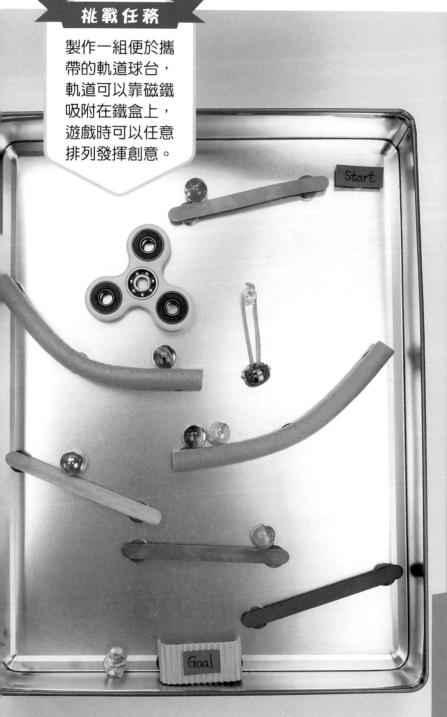

12 行動磁力軌道球

製作一組便於攜帶的軌道球台，軌道可以靠磁鐵吸附在鐵盒上，遊戲時可以任意排列發揮創意。

任務道具

鐵盒、磁鐵
冰棒棍、泡棉管
瓦楞紙、鈴鐺
彈珠、熱熔膠

A 任何磁鐵都適合嗎？磁力太強跟太弱有什麼優缺點呢？

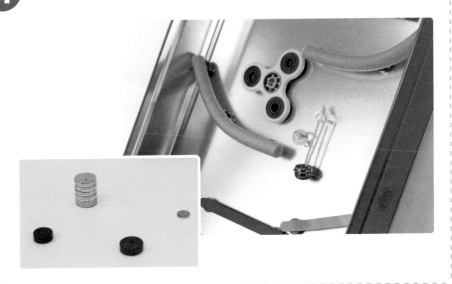

B 你想在彈珠台內設計什麼樣的軌道呢？有什麼材料容易製作？

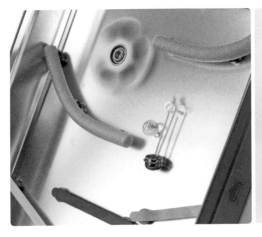 

① 彈珠的重量與大小
需配合磁鐵的吸力
與厚度，這樣彈珠
比較不容易脫軌或
撞歪軌道。

② 以熱熔膠將冰棒棍或可彎折的泡棉管黏在磁鐵上。

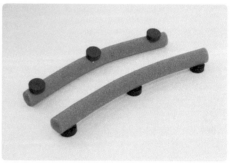

③ 為滾球軌道增添一些小機關，例如指尖陀螺、圖釘磁鐵或鈴鐺，都可以為路徑增添變化。

④ 動手嘗試排出不同路徑變化吧!

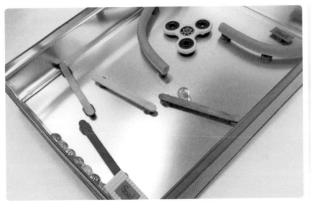

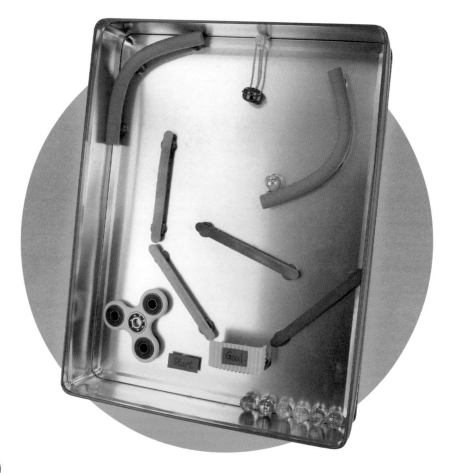

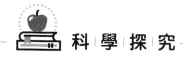
　　磁鐵會吸附在鐵製品的特性，為這個創作任務帶來豐富性與便利性。過程中你會發現，磁力太強的磁鐵不容易拔取，甚至容易被夾傷；但如果磁力太弱，較重的彈珠撞擊磁鐵時，吸附在金屬板上產生的摩擦力，可能不足以支撐彈珠的撞擊力，造成軌道滑動。可以試著調整台面的傾斜度、更換彈珠或磁鐵，或是在鐵板上貼較粗糙的材質來增加摩擦力，也會有不錯的效果。

關　主　的　話

　　這個任務有助訓練孩子的排列邏輯，孩子可先預測彈珠滾動的路徑來排列軌道位置，並透過試玩修正軌道。過程中能體驗磁力提供給軌道的摩擦力現象，以及工程的模組概念。家長可引導孩子從生活經驗做想像，設計固定、可彎軌道模組，或加入轉動、聲響等特效，在遊戲時做不同的排列組合，創造多元趣味的滾動路徑。

13 滾球飛車

用泡棉管打造雲霄飛車軌道，利用高低落差讓彈珠在軌道上奔馳。

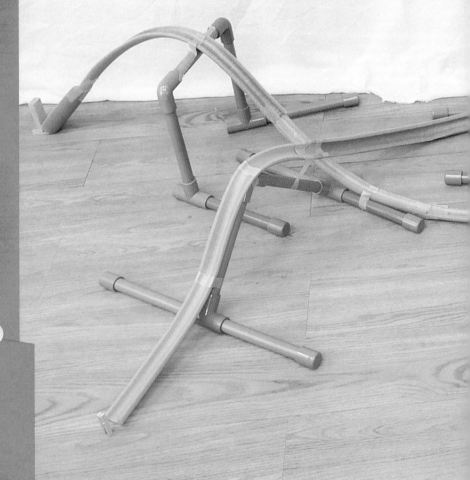

任務道具

泡棉管
遮蔽膠帶
彈珠
支撐物

A 架高軌道形成多組高低落差，讓彈珠從高處滾落，改變各組高低落差順序會有什麼變化？

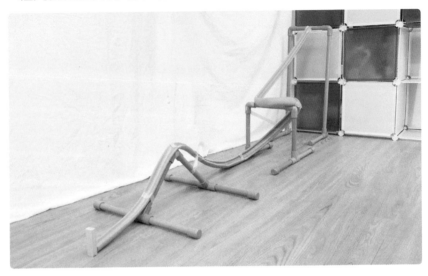

B 如何讓彈珠越過高低落差、轉圈或扭轉等障礙呢？

C

彈珠從越高處滾落，速度就越快，有時也會飛出軌道，又該如何調整呢？

① 用剪刀將泡棉管對半剪開。

② 用膠帶將軌道起點固定在高處。

③ 延伸的軌道以膠帶依
　序相接，必要時周圍
　可以再補強。

④ 嘗試將串接的長軌道做出變化，調整各處高低落差，挑戰360度迴
　轉、側彎傾斜、翻山越嶺等關卡，同時以膠帶黏貼固定軌道與支撐
　物，確認彈珠可以順利跑完全程。

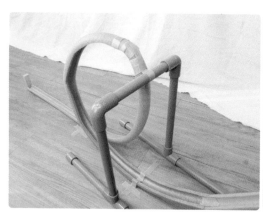

　　置於軌道高處的彈珠具有位能，從高處滾下時，位能會轉換為動能，使得彈珠移動速度越來越快；然而在滾動過程中，彈珠會受到摩擦阻力影響，速度越來越慢。有了能量轉換的概念，不難想像滾球自出發後，每越過一次山坡，或經過360度大迴旋，都會消耗能量，因此，軌道設定的高度必須一關比一關低，確保彈珠有足夠的能量通過。設計轉彎軌道時，軌道也需調整傾斜角度以提供彈珠向心力，以免彈珠脫離軌道。

關 主 的 話

　　這個挑戰任務彷彿帶孩子坐上雲霄飛車，家長可以陪伴孩子從最簡單的斜面軌道開始架設，一起觀察彈珠從軌道高處滑下時的速度變化，再出任務讓孩子嘗試，例如架設2座小山，還是來個大彎，並在一旁觀察他們如何修正解決問題。如果您的孩子已經會使用量測工具或製作圖表，可以把設計與實驗過程記錄下來。

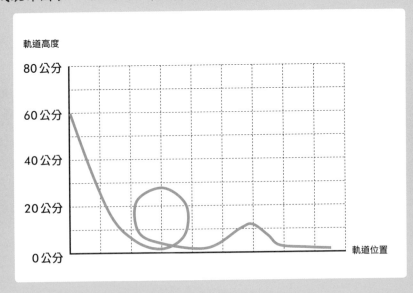

挑戰任務

作戰碉堡常設有
祕密通道，請發
揮想像，設計一
座藏有快速逃生
通道的碉堡。

14 作戰碉堡

任務道具

厚紙板、紙捲
美術紙、畫筆
剪刀、熱熔膠
裝飾公仔

A 設計一個故事，布置作戰碉堡的逃生動線，並畫下構想、
設定尺寸，再思考如何裁切與組裝（下圖為設計範例）。

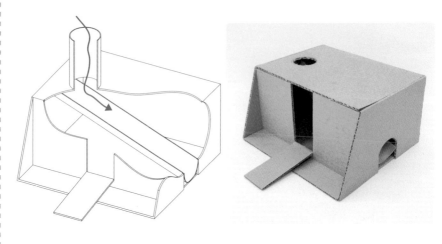

B 固定逃生通道前，先將公仔放上斜面，確認它能順利滑下
斜面（下圖為設計範例）。

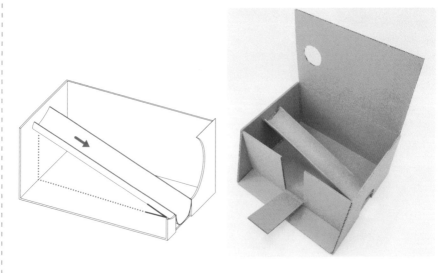

① 參考設計草圖，規劃
如何切割每片零件的
尺寸與孔洞位置。

② 以熱熔膠黏合所有
物件。

③ 確認逃生通道斜度
後，裁切黏合。

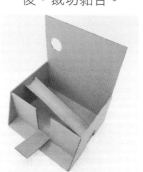

④ 利用容易取得的材料裝飾碉堡，讓它更符合你的故事情境。

摩擦力是公仔能否順利在逃生通道內移動的關鍵。影響摩擦力的因素為接觸面的材質與接觸面所受的力，公仔的材質、重量、形狀，還有軌道的鋪面、斜度也都會造成影響；測試時若公仔無法順利下滑，最簡單的方法就是增加斜度，減少摩擦力，也可以試試在軌道上鋪其他光滑的材質。

關｜主｜的｜話

孩子能從這個任務練習實踐自己的想像，挑戰將平面草圖轉化成立體模型。布置碉堡外觀與安裝內部軌道，有助孩子培養圖面解構與規劃製作流程的能力。孩子可以從設計草圖開始，並設定所有零件尺寸，再逐一剪裁，接著從局部組裝測試與調整，每個環節都是很棒的學習機會。

15
3D紙筒滾球

GO~

CAVE

挑戰任務

設計一個通往地心的冒險坑道，當彈珠開始滾動，永遠不知道下一個彎要通往何處，你能夠讓彈珠順利的逃出來嗎？

任務道具

回收紙捲
冰棒棍、熱熔膠
紙盒、紙膠帶

A 你覺得要從底部開始製作，還是從高處往低處製作呢？邊做邊調整每段紙捲的斜度，想一想，如果彈珠滾動的速度太快可能會發生的問題，以及該如何解決。

B 你有哪些軌道設計方案？落差、迴旋，還是像雲霄飛車一樣翻轉？小提醒：又長又直的軌道阻力較小，滾動速度較快，拼接軌道的阻力較大，你會如何配置呢？

❶ 用剪刀將紙捲剖半，以熱熔膠黏貼做出彎曲軌道；完整的紙捲適合作為直線加速使用。為了避免已經架設好的軌道干擾後續的搭建，建議你可以從底部開始製作，同時也有利於邊做邊調整軌道動線。

❷ 將冰棒棍黏在底座上作為框架，以支撐各種形式的紙捲軌道，調整好角度前可先用紙膠帶暫時固定。

❸ 可以修剪剖半紙捲的長度來製作彎
　道，或穿插較陡峭的軌道，增加路徑
　的變化性。

❹ 發揮想像力，增加一些趣味道具，例如鈴鐺、終點指示牌等等，讓冒
　險坑道更有趣味。

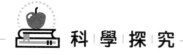

科 學 探 究

　　這個任務帶大家體驗結構的搭建，以及彈珠滾動時的受力與運動情形。當彈珠經過加速直線斜坡準備進入彎道時，假設進彎的速度相同，彈珠在半徑大的彎道比較不容易飛出去，但若是彎道的半徑小就需要增加軌道的傾斜度，以便提供足夠的向心力。由於軌道的高低落差、轉向都是經由冰棒棍來調整，因此結構的支撐也很重要。除了垂直架設，橫向或斜向的連結也可以增加結構強度，以避免彈珠滾動時，軌道跟著一起晃動。

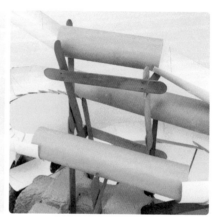

關 主 的 話

　滾球軌道對各年齡層的孩子都具有吸引力，看著球在軌道上奔馳，彷彿坐上探險小車一起進入故事情境。製作時需考量軌道結構與高度落差，還得測試彎道角度，每個細節都結合了科學與工程概念，再加上孩子編寫的冒險故事，整個過程正是STEAM精神的最佳展現！

16 彈珠機關王

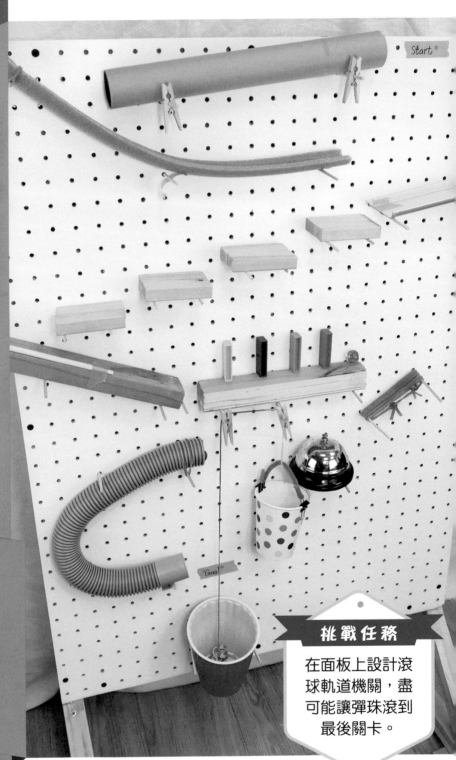

Goal

任務道具

洞洞板、竹筷
紙捲、泡棉管
水管、木塊
積木、夾子
遮蔽膠帶
橡皮筋
吸管等等

挑戰任務

在面板上設計滾
球軌道機關，盡
可能讓彈珠滾到
最後關卡。

A 用任何可能的材質製作軌道，測試彈珠在不同角度的軌道中的移動速度，延長彈珠滾動時間。

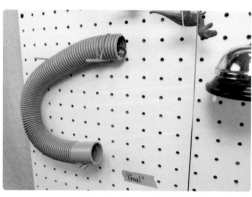

B 挑戰連鎖反應，以一顆彈珠驅動另一顆彈珠。

C 你能讓已經滾到底部的彈珠再往上移動嗎？怎麼做可以延長彈珠滾動的時間？

1 準備1塊雙層洞洞板（這樣在架上插入竹筷或其他物件時才足以支撐）。將竹筷子垂直插在洞洞板內作為支撐架，架設紙捲、厚紙板等材料作為軌道。你可以用橡皮筋、夾子或遮蔽膠帶固定任何結構。

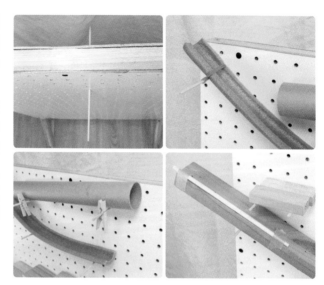

2 測試每個軌道接著可能會移動的方向與位置，並在適合的地方架設另一道關卡。

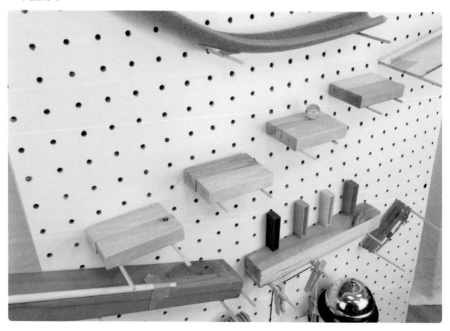

❸ 設計一些彈跳、碰撞或
可以發出聲響的機關，
製造有趣的效果。

❹ 嘗試做個滑輪或機關，讓彈珠再次從高處落下，延長彈珠滾動的時間。

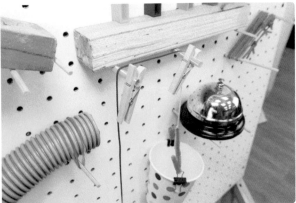

　　軌道的材質與架設的角度會影響彈珠滾動的速度。由於軌道必須彼此串聯，需反覆測試與修正彈珠是否能順利通過每個軌道與關卡，過程中會發生很多狀況，例如彈珠滾動速度太快可能會撞飛機關，軌道設置位置不對會接不到球，滾動的路徑可能不符預期等等。文中提供的機關範例，如彈珠掉落在橡皮筋後的彈跳角度，或是利用吸管製作簡易滑輪等，都值得大家反覆嘗試。

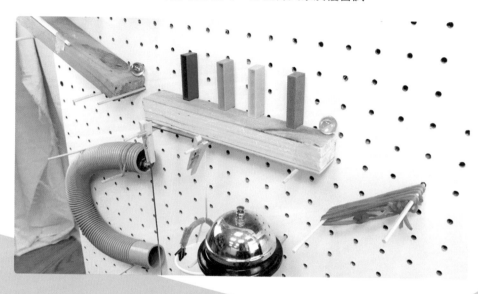

關主的話

不　同年齡的孩子可以做不一樣的創作，可以簡單又好玩，也可以複雜又華麗。家長可以鼓勵孩子從搭建過程中觀察並進行修正，從經驗中學習，取代直接給予答案，也並非一定要先思考科學概念或艱深的科技與工程概念。試著了解軌道間的架設邏輯與關聯性，把重點放在嘗試的過程而不是美化創作，並在過程中融入創意與想像，例如為滾動過程編一段奇幻故事或演奏聲響，也會有不同的收穫。

動力篇

本篇匯集各種天馬行空的動力任務，通過挑戰的方法不會只有一種，跟著任務搜查線索發想各種方法，進行嘗試與修正，沒有絕對的標準答案，只要找到適合的策略與做法，你就有機會達成任務，獲得挑戰積分。

17 氣球長矛大對抗

任務道具

氣球、直吸管
細繩、竹籤
膠帶

94

A 想刺破對手的氣球，把竹籤固定在好位置絕對是致勝關鍵。想一想，要把竹籤固定在氣球還是吸管上？

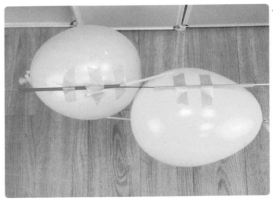

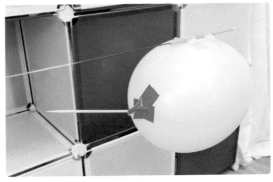

B 大顆的氣球是提供更長久的動力，還是增加被刺破的機率？

❶ 將細繩穿過2根吸管，細繩兩端分別固定在相距約2公尺以上的架子上。

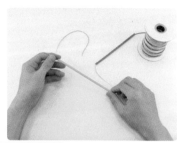

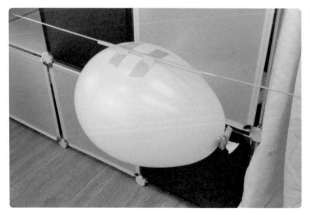

❷ 氣球打氣後，可暫時用夾子夾住氣嘴防止洩氣，再用膠帶固定在吸管上。留意氣嘴洩氣時前進的方向，2顆氣球必須面對面前進。

❸ 用膠帶將竹籤固定在你
覺得可以刺破對手氣球
的位置上。

❹ 雙方分別將氣球拉回架子兩端的
起跑位置,接著同時釋放氣球發
動攻擊。

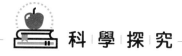
　　竹籤長矛的攻擊力道來自氣球洩氣時產生的反作用力，氣球越大顆，這股力量作用的時間就越長，但相對也可能更容易被對手刺破。這個挑戰另一個要注意的重點在於，竹籤的黏貼位置可能會改變氣球的重心，使氣球在飛行時晃動，改變原本預期的攻擊位置而失敗。

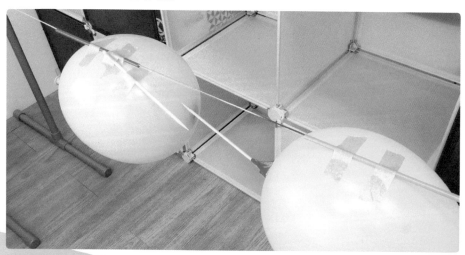

關主的話

利用氣球洩氣產生的反作用力來「飛行」是許多孩子愛玩的遊戲，用竹籤進行對戰、刺破對手的氣球，更讓孩子興致高昂。在氣球上黏貼竹籤能增加挑戰變因，例如怎麼將竹籤固定在預想的攻擊位置或角度才能成功刺破對手的氣球？氣球是大顆一點，還是小顆一點比較好？大顆氣球如果沒被刺破，或許還有動力把對手推到起點而獲勝。孩子可以在這些過程中反覆嘗試與觀察，找到最佳作戰攻略。

18 搖頭晃腦相撲賽

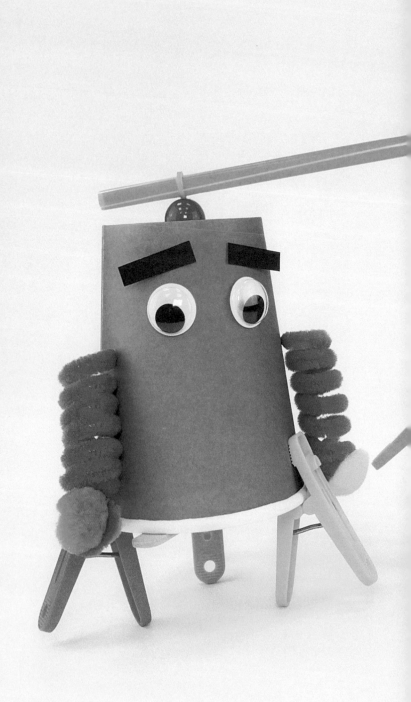

紙杯、可彎吸管
橡皮筋、塑膠珠
冰棒棍、曬衣夾
毛根、絨毛球
洞洞眼、竹籤
細鐵絲

A 試一試，吸管轉軸的位置與震動強弱有何關係？

B 如何只用3個衣夾讓相撲仔站立並保持平衡？

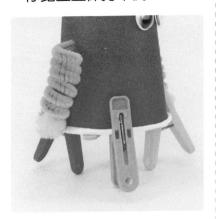

C 橡皮筋轉越多圈、彈力越大，越容易推倒對手嗎？

① 用竹籤在杯底與杯身兩側戳出小洞。接著再用細線牽引橡皮筋，套住吸管再穿過塑膠珠與紙杯，最後用冰棒棍固定。

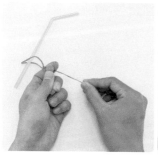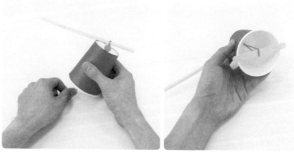

② 在杯緣夾上3個衣夾並調整衣夾位置，使相撲仔平衡站立。

③ 將毛根繞成彈簧狀後纏上絨毛球，再插入杯身兩側小洞，就成了相撲仔的雙手，最後再黏上眼睛。

④ 轉動吸管以扭轉橡皮筋，將相撲仔放到桌面後，放開吸管就能看到機器人搖擺旋轉。

⑤ 製作2隻搖頭晃腦的相撲仔在場上對撞，看誰先被推倒。

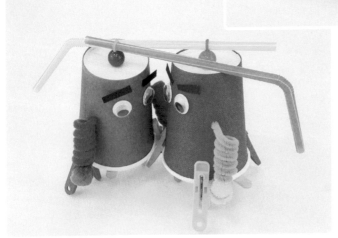

科學探究

　　所有物體旋轉時，只要轉軸沒有通過物體的重心，就會產生震動。如同任務搜查線給的第一個提示，你會觀察到吸管轉軸偏離吸管中間的重心位置，並將一側彎折時，就會造成偏心旋轉而產生震動，讓搖擺相撲仔晃動，並受到吸管反作用力而原地旋轉，利用擺動及吸管旋轉的力量，就有機會推倒對手。善用3個衣夾讓相撲仔站穩非常重要，擺放位置呈正三角形相對穩定。相撲對戰時，如果橡皮筋旋轉太多圈，釋放吸管時力道會太猛，打到對手產生的反作用力也相對較大，可能反而讓自己的相撲仔絆倒，這點也不可不注意啊！

關主的話

　　這個任務透過詼諧有趣的實作，引導孩子發現生活中常見但不容易受到關注的科學概念，也就是透過吸管與橡皮筋纏繞的固定位置，來改變偏心轉動的幅度。這個現象就如同手機來電震動時，會在桌上亂跑一樣。而手機、按摩椅、遊戲搖桿或某類玩具之所以會震動，都是因為裡面的馬達轉軸裝有形狀不對稱的偏心輪，當偏心輪轉動時無法平衡就會產生震動。

19 奪寶高手

製作一個雙繩奪
寶裝置，裝上磁
鐵吸取桌上的寶
物，挑戰1分鐘
所累積的寶物重
量。

任務道具

約8×8公分的
堅硬板材
吸管、棉繩
雙面泡棉膠帶
膠帶、磁鐵
剪刀、電子秤
各類鐵製品

106

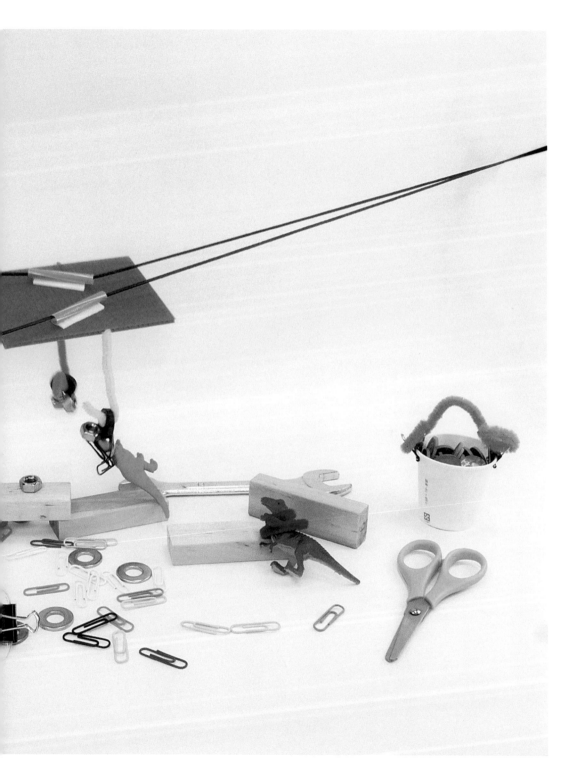

A 奪寶裝置為何要把吸管黏成「八字型」呢?角度會有影響嗎?

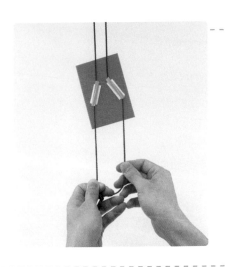

B 找一找,身旁的哪些物品可以被磁鐵吸引?除了可以把這些物品拿來當作寶物,也可以將它們設計成不容易被磁鐵吸起來的陷阱喔!

C

在時間內累積寶物的重量不一定得靠抓取數量，你會如何設計磁鐵吸取裝置，以抓起更重的寶物呢？

 實作攻略

❶ 剪2段長約4公分的吸管，排成八字型以泡棉雙面膠黏在板材上。

❷ 剪一段繩子穿過2段吸管後打結，成為一個環形繩圈。

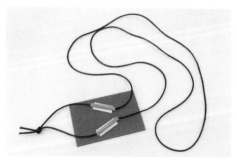

❸ 將繩圈其中一側穿過固定桿，或請另一位夥伴用手指幫忙勾住，使繩圈仍能滑動，自己控制繩圈另一側，左右手輪流拉繩，裝置就會開始移動。如果移動不順暢，可以調整吸管夾角。

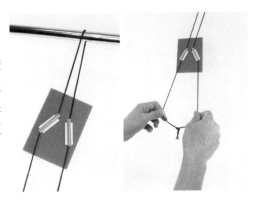

❹ 實踐任務搜查線的想法，將磁鐵、毛根等材料組裝在板材上。

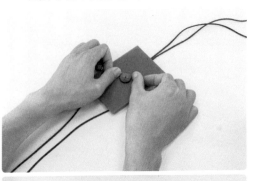

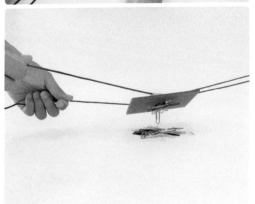

❺ 將各種寶物放在桌上，操控雙繩移動奪寶裝置吸取寶物，挑戰1分鐘盡量累積寶物重量。

左右手輪流拉動繩子時，會發現奪寶裝置左右搖擺移動，仔細觀察繩子與吸管，可以發現一側的繩子與吸管產生轉折而卡在繩段上，該處的摩擦力比另一側大，左右兩側的摩擦力因拉扯而輪流作用，使滑塊向前移動。

磁鐵的吸引力是另一個重點，如果想吸起較重的物品，磁力不一定足夠，可以將磁鐵分散使用或利用毛根製作鉤子，分散抓取的力量，也有機會抓取更大的重量喔。

關 主 的 話

你有沒有遇過東西掉進手拿不到的地方的情況呢？你會如何思考選擇適合的捉取工具？正如這個挑戰，想解決這類問題，你可以觀察物體的外型、材質等特性，判斷要用什麼方法與工具。

任務加上時間限制與累積重量，能引導孩子有效率的分析思考、解決問題，明白解決問題可以有多種方法。例如多次來回抓取寶物，累積重量；或設計能穩固抓取重物的裝置，一次就抓取足夠的重量。發揮創意與巧思，你會想到更多厲害的解決方法喔！

20 氣墊冰壺

任務道具

光碟片、粗吸管
氣球、竹籤
雙面泡棉膠帶
電器膠帶

任務搜查線

A 氣球洩氣會使光碟片與接觸平面間存在一層空氣，此時輕輕推動冰壺，比較與沒有氣球洩氣產生氣墊的滑行距離差多少。

B 要把冰壺推進目標區域，除了比準、力道控制，氣球大小決定的洩氣時間長短也會是致勝關鍵，要互相配合才能獲得高分喔。

① 在光碟片亮面圓洞貼上雙面泡棉膠帶，接著用竹籤在中間刺一個小洞。

② 剪一段粗吸管，將其中一端剪成十字型，貼在光碟片的泡棉雙面膠上，周圍以電器膠帶封住，防止洩氣。

③ 將另一段粗吸管套上氣球，同樣以電器膠帶纏繞固定。

④ 在氣球底部的吸管側邊剪一道隙縫後，確認是否可以嵌入光碟片底座。

⑤ 在平滑的桌面貼上膠帶，設置不同的積分區，吹氣後控制推動力道與氣球大小，將冰壺推置目標區域。

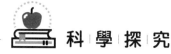

科|學|探|究

摩擦力存在於兩接觸面間，其大小與接觸面的性質及作用在接觸面的力有關，能阻止物體發生相對運動；換句話說，如果能讓兩物體不直接接觸，摩擦力就會減小很多。這個任務就是利用氣球洩氣時，在光碟盤底跟桌面間形成空氣層，空氣阻力相對非常微弱，使得光碟片可以輕易在桌面漂浮滑行。

關|主|的|話

這個挑戰類似冬季奧運的冰壺比賽，透過改變冰壺在冰上的摩擦力，使冰壺停駐在目標區域。關主帶領這項挑戰任務時，常會遇到孩子認為摩擦力越小，就能滑行得越遠、越容易得高分，然而摩擦力越小，只要受到些微外力就容易改變冰壺的運動狀態，使得冰壺偏離軌道或越界。因此挑戰者需掌握推動氣墊冰壺的力道，同時調整氣球的大小，讓氣墊效果剛好在冰壺來到目標區域時消失，並藉由摩擦力停住。

21 網球鞭韃保齡球

任務道具

網球、棉繩
毛根、瓦楞紙板
筷子、遮蔽膠帶
彩色筆、刀片

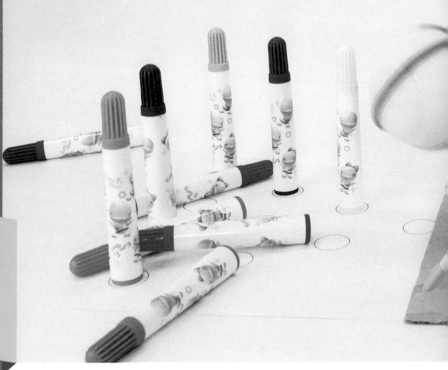

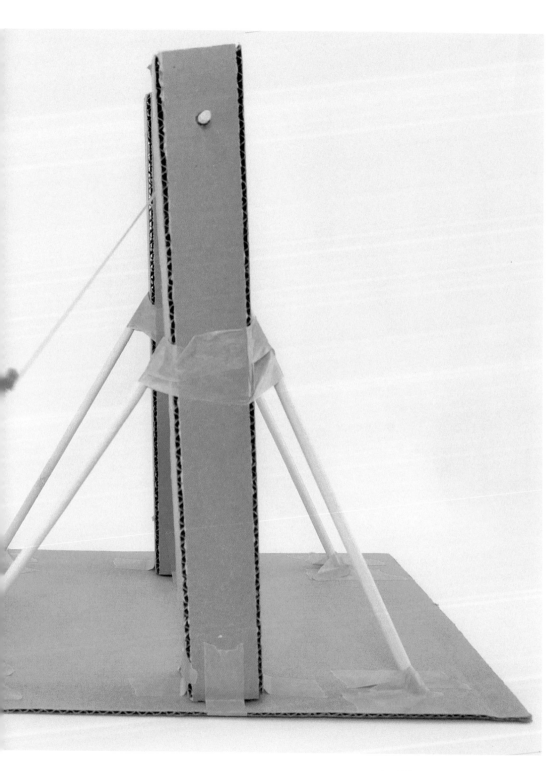

A

單純把網球抬升至某個高度就放手而不特別使力，觀察放手位置跟鞦韆擺盪至保齡球瓶一側的高度有何關聯？

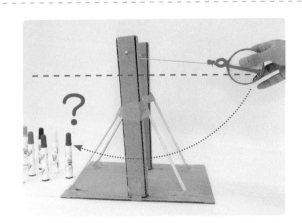

B

鞦韆與保齡球的距離，以及鞦韆的長度，會決定保齡球被擊倒的數量，要如何調整才能增加全倒的機率呢？

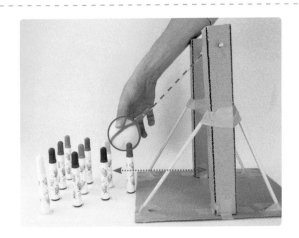

C

如果想提高難度，可嘗試增加彩色筆球瓶與網球鞦韆之間的距離，過程中會需要重新調整哪些道具的尺寸與設計？

❶ 裁切厚紙板後以膠帶黏
貼成方柱作為鞦韆支
架，上方用竹筷穿孔。

❸ 用毛根纏繞網球，再用繩子綁在竹筷
支架上，調整繩子長度確認可以順利
擺盪。

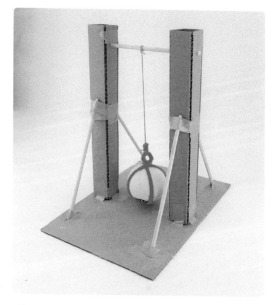

❷ 用膠帶將支架底座黏在
厚紙板上，在方柱兩側
斜立竹筷以膠帶固定加
強支撐，最後在支架上
方穿進竹筷。

❹ 擺設彩色筆作為保齡球瓶，並調整鞦
韆位置，使網球可以擊中前兩排球瓶。

⑤ 拉高網球鞭韃後,瞄準撞擊位置,接著放開鞭韃讓它自由擺動,挑戰
你能擊倒幾支球瓶。

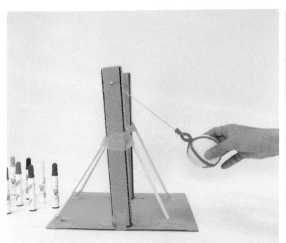

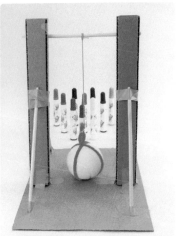

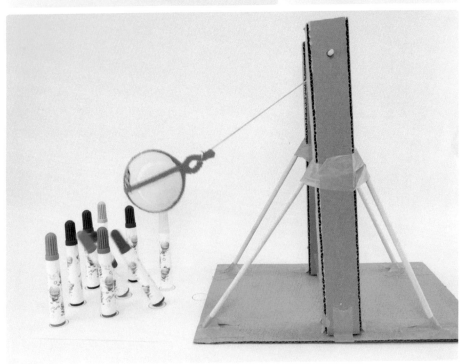

科 學 探 究

這個任務最容易直接觀察到的概念是能量的轉換：球因為被抬起而有了位能，放手後，球受到重力作用，高度減少、速率增加而動能增加，擺盪至最低點時，動能最大，又因為能量守恆，球會像單擺一樣持續擺盪，過程中動能減小、位能增加。因此，網球越低處的動能越大，擊中彩色筆球瓶的力道也越大。

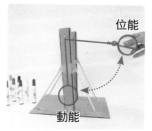

彩色筆球瓶與網球鞭韃之間的距離如果增加，代表鞭韃的長度也需增加。由下圖可見，球瓶的距離增加後，即使增加鞭韃擺盪的角度，也無法撞到球瓶，而是需要增加鞭韃長度。

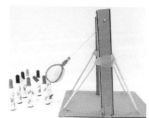

關 主 的 話

這個任務結合了建築篇的搭建概念、單擺擺盪過程的能量轉換、力與運動等科學概念，還要依據保齡球瓶的大小、距離，分析網球鞭韃的擺動角度。調整過程有助於培養孩子通盤考量的能力。遇到各種困難時，可以把發現的問題記錄下來，寫下可行的對策，再進行操作與調整，往往會發現其中藏了許多細節。

這個任務還有很多玩法，例如只放3支保齡球瓶，一次只能擊中1支，藉由評估方位與角度完成挑戰。或是縮短任務製作時間，甚至限制膠帶用量，都會大大提升挑戰難度。

－挑戰難度－

★★

22 空氣飛彈

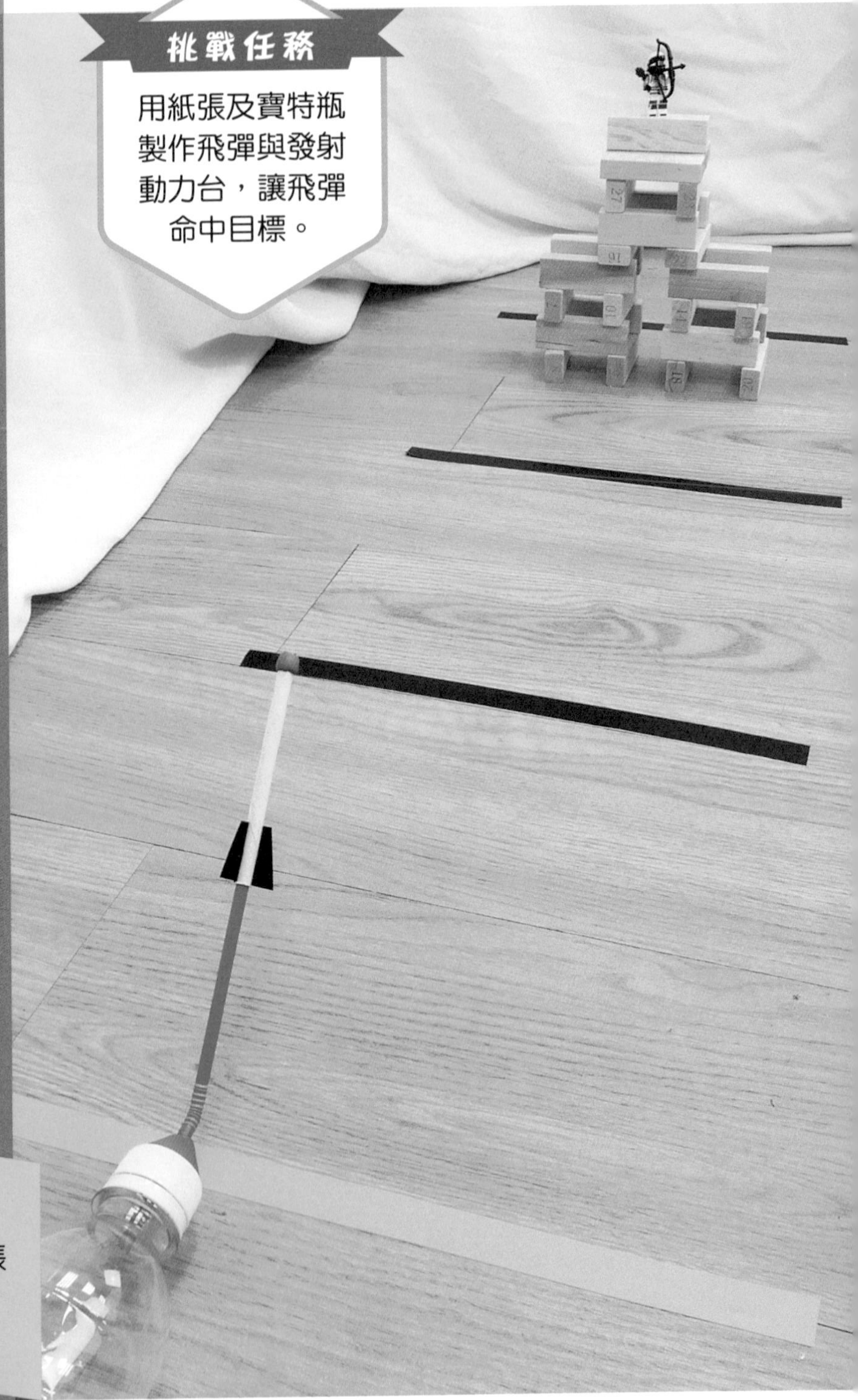

挑戰任務

用紙張及寶特瓶製作飛彈與發射動力台，讓飛彈命中目標。

任務道具

寶特瓶、黏土
可彎吸管、紙張
膠帶、剪刀

A 你有吹過吸管的包裝套，讓它像火箭一樣飛出去嗎？試一試，飛行的距離與什麼條件有關？

B 你會如何設計飛彈呢？長度、尾翼、重心等變因，都會影響飛行。

C 試試各種發射角度，會有意想不到的發現喔。

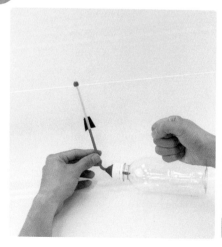
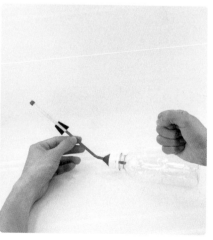

·寶特瓶發射台

1 在寶特瓶蓋上鑽一個近似吸管口徑的洞。

2 將可彎吸管插入後用黏土封邊，避免漏氣。

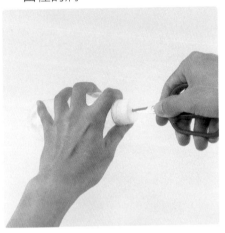

·紙飛彈

1 直接利用吸管或與吸管口徑接近的圓柱體，將紙張捲成直管狀。

2 抽出紙捲，用膠帶封住紙捲一側洞口，並加上黏土配重。

3 把飛彈套入發射台吸管試射，依結果調
整飛彈長度並黏上尾翼。

·發射方式

一手扶住吸管固定發射角度，另一手用拳頭迅速敲擊寶特瓶，紙飛彈
隨即射出。

　　空氣飛彈的動力來自瞬間擠壓寶特瓶內的空氣。需控制紙飛彈與吸管的緊密程度，如果太鬆，擠壓瓶子時會洩氣，使氣壓力量無法完全發揮；如果太緊，氣壓力量可能不足以推動飛彈。

　　飛彈的重心位置是影響飛行距離的因素之一。在彈頭處加上黏土配重，可以讓重心較靠近彈頭，當重心落在距離彈頭約總長的1/3處，會有不錯的飛行效果；加上尾翼則有助於增加飛行的穩定度。

　　發射仰角也會影響飛行距離，理論上仰角45度發射，可以達到最遠距離，但因為紙飛彈重量輕，容易受到空氣、尾翼及發射過程中所產生的摩擦力等外力影響，所以需要適度的微調修正，因此每位挑戰者在最佳化後所得的參數會不盡相同。

關 主 的 話

　　飛行是件有趣的事，經歷挑戰實作與修正過程，你一定會發現，理論與實際發生的情況有所不同。飛機或火箭的設計也是如此，即便製造流程再精密，遇上飛行中的氣流，也會充滿許多變數。這個挑戰能讓孩子體驗工程師設計思考的歷程：先從任務提示中自我提問並尋找可能方案，接著進行雛型設計與記錄，再進行實作與測試，最後針對測試結果提出修正方案。透過這樣的歷程，有助孩子培養設計實作與跨領域思考的能力。

機械手爪

挑戰任務

利用打包帶與
廢棄紙箱製作
機械手爪來抓
取物品。

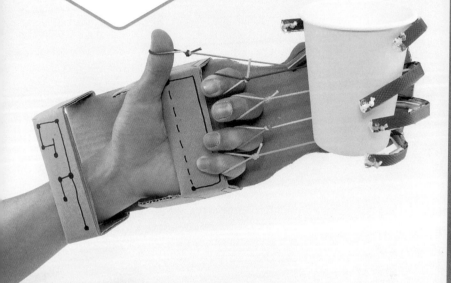

任務搜查線

A

觀察每根手指各有幾
塊骨骼和關節,再看
看機械手爪的設計,
你有發現兩者之間的
關聯嗎?

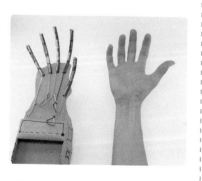

任務道具

打包帶
瓦楞紙板、吸管
細繩、剪刀
熱熔膠

B 想一想，打包帶上每段吸管的間距是否會影響手指彎曲的程度？

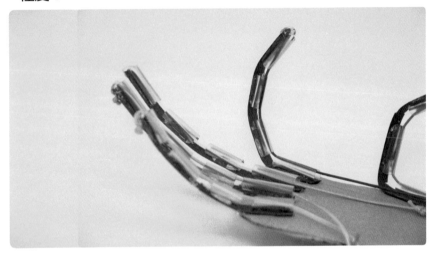

C 如果想精準控制機械手爪的每根手指，控制繩的長度將會是關鍵。

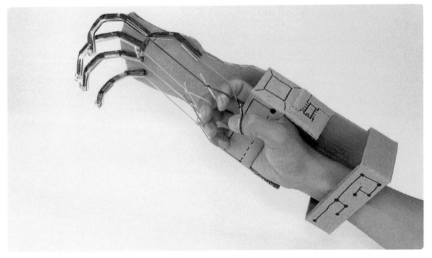

❶ 參照自己的手部輪廓，以打包帶作為手指，紙板當作手掌與手臂，接著將紙板與打包帶剪成適當大小與長度，再用熱熔膠將打包帶黏貼到紙板上。

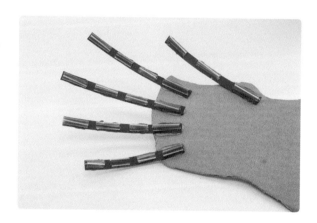

❷ 用鉛筆在打包帶上標出關節位置，再以熱熔膠將吸管黏貼在骨頭位置上。

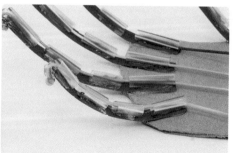

❸ 先在細繩一端做出套環，接著將細繩調整至手指能夠操控的長度。將細繩另一端穿過每根手指的吸管，並在指尖處打結，最後以熱熔膠黏妥指尖處的繩結。

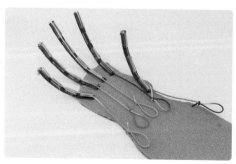

❹ 加強手臂結構，作為穿戴裝置。

❺ 操作手臂夾取物品。

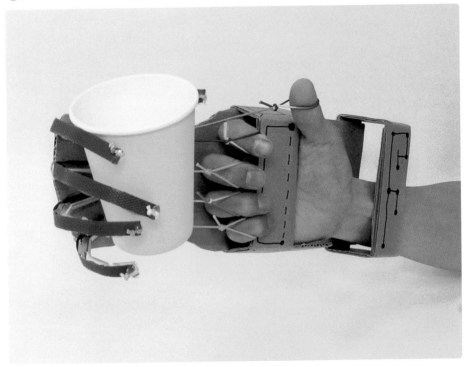

科　學　探　究

　　機械手爪的設計概念類似人類的手指結構：每條拉繩如同肌腱，肌腱是連接肌肉與骨骼的強韌組織；每根吸管如同骨骼，當我們操控拉繩，機械手指向內彎曲，就如同肌肉透過肌腱拉動骨骼產生彎曲。

　　打包帶上每段吸管的間距會影響手指彎曲的程度。下圖1吸管間距小，繩子拉到一定程度，相鄰的吸管會卡住無法再彎曲；下圖2吸管間距大，繩子可以拉到兩節吸管夾角小於90度。

　　手指材料的選擇也涉及槓桿概念（下圖3）：機械手爪每個關節如同一組槓桿，彎曲處為支點，吸管與繩子接觸的地方為施力點。由於指節間的力臂很短，所以繩子拉扯時產生的力矩較小，如果選擇彈性較大的打包帶會不容易拉動，也有人直接選擇用厚紙板來製作手指。

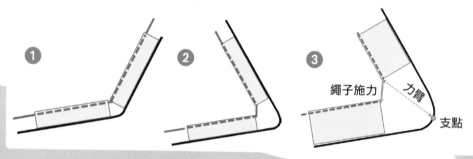

關　主　的　話

　　本單元讓孩子透過實作認識手指關節如何運作，並體會科技發展有部分是透過模仿生物結構而來。關主從過去的教學經驗發現，這個挑戰看似簡單，但往往需要反覆修正嘗試才能順利讓手爪動起來，其中涉及結構、力學、比例等實作挑戰，從紙板、打包帶的選材，手爪與手臂穿戴結構的尺寸設定，黏合的強度是否足以支撐繩子拉扯的力量，到穿繩固定技巧。如果覺得太困難，不妨可以先從一根手指頭開始挑戰。

24 紙箱機關玩具

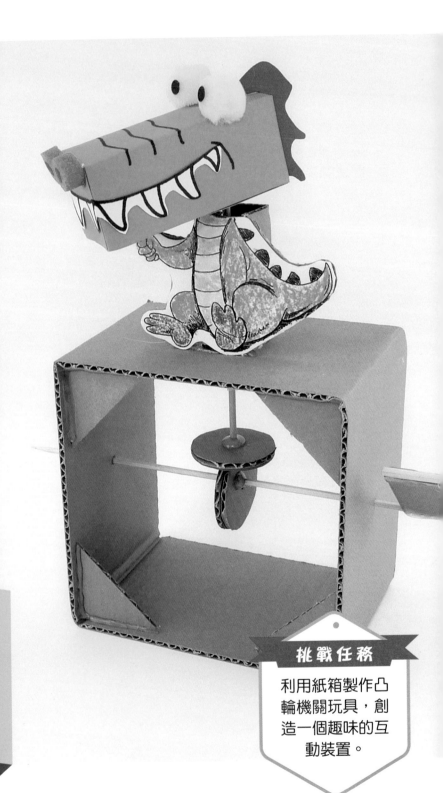

任務道具

紙箱、熱熔膠
吸管、竹籤
泡棉片或細砂紙
其他生活中容易
取得的裝飾材料

挑戰任務

利用紙箱製作凸
輪機關玩具，創
造一個趣味的互
動裝置。

任務搜查線

A

想一想，改變凸輪接觸位置或增加凸輪數量，轉軸會如何轉動？

B 你想設計什麼樣的造型與故事？拆解造型，結合凸輪轉動所產生的動作，讓機關動起來。

❶ 找尋大小、硬度適當的紙箱，裁掉上蓋與下蓋後，選一面開口用熱熔膠在4個角落貼上紙板補強結構，作為機關玩具基座。

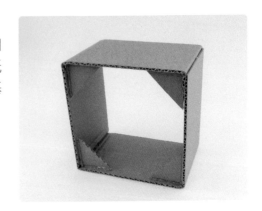

❷ 裁切2塊圓形紙板，其中1塊在偏離圓心處穿孔做成凸輪，另一組留待後續步驟使用（備註：凸輪可以用2片紙板黏合增加強度）。

❸ 在基座左右兩側中心處穿孔，再穿入竹籤與凸輪。

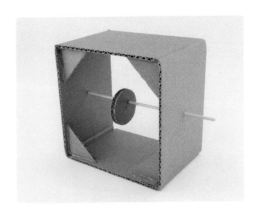

4 在紙盒上方中心
處穿孔，再剪一
段約4公分長的
吸管穿入後，以
熱熔膠黏合。

5 在另一塊圓形紙板其中一面貼上泡棉或細砂
紙增加摩擦力。接著將竹籤穿入紙盒上方的
吸管，最後再用熱熔膠把竹籤黏在圓形紙板
背面的圓心上。

⑥ 橫移凸輪到可以接觸上
方圓形紙板的位置。接
著用熱熔膠將紙板與竹
籤黏在機關基座一側作
為把手。

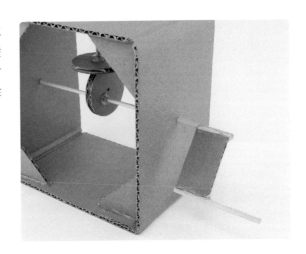

⑦ 拆解造型，分別製作黏在轉軸竹籤的可動物件與黏貼在基座的固定物
件。完成後轉動把手，小恐龍會依凸輪的位置，產生上下點頭或轉頭
的動作。

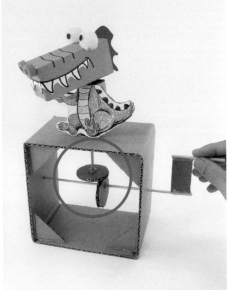

科 學 探 究

　　凸輪常搭配其他機械物件產生固定周期的運動，而凸輪的外形也是配合這些機械的運作情形來設計。這個任務帶大家製作偏心凸輪，凸輪的擺放位置或數量，能讓機關產生不同的動作。對應動作說明如下：

凸輪在中間
頭部上下動

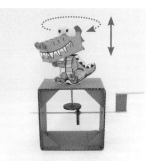

凸輪在側邊
頭部上下動、轉圈圈

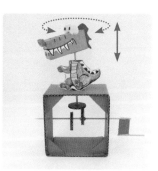

2組凸輪，一上一下，
頭部上下動、左右轉圈

關 主 的 話

這個挑戰結合了科學和藝術，對挑戰者來說，其中的機械概念、造型設計製作與情境故事一樣重要。每個人創作的途徑也不相同，有些人會從感興趣的機械運動來發想，有些人則是先構思故事與造型，但不論如何，最終兩者必須巧妙搭配才能完成挑戰。

　　其實還能用齒輪、槓桿或連桿等零件來創作，但這類零件對孩子來說不容易上手，因此關主選擇使用容易取得與加工的紙箱，選用凸輪則是考量製作簡單，且透過不同排列就能有多種動作變化，容易帶來成就感。掌握製作技巧後，你也可以變化各種機械裝置，創作更多有趣的互動作品。

25 打包帶卡丁車

利用打包帶產生的彈力作為動力來源,製作卡丁車進行距離賽。

任務道具

回收打包帶
塑膠瓦楞板
氣球棍、吸管
氣球拖架、棉繩
牙籤、黏土
雙面泡棉膠帶
膠帶、剪刀

任務搜查線

A

試一試,打包帶的長度與彈力有何關聯?

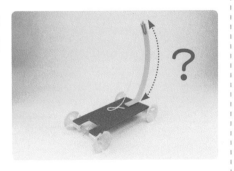

任務搜查線

B

打包帶彎曲程度越大，
彈力也越大，車子一定
會跑更遠嗎？

C

為何在輪子內塞入黏土會
讓輪胎比較不容易打滑？
如何靠黏土配置車體總重
量，達到輪胎不打滑，又
能行進最遠距離。

實作攻略

❶ 在瓦楞板其中一個短邊裁出一塊缺口，預留發條繩通過的空間。

❷ 在瓦楞板底部4個角落以泡棉膠黏上吸管當作軸承，再穿過氣球棍、套上氣球拖架作為輪軸。在其中一個輪軸中心處穿孔，接著江細竹籤插入孔中作為發條鉤。

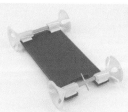

❸ 剪取適當長度的打包帶當作彈性發條，一端用泡棉雙面膠帶黏在車身，另一端別上迴紋針後用膠帶纏緊。接著將棉繩一端綁在迴紋針上，另一端做成套環。

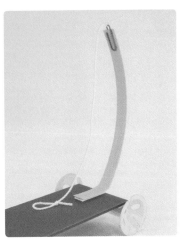

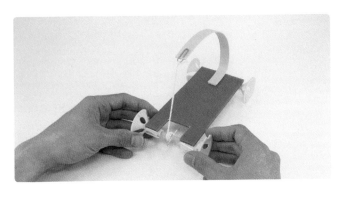

❹ 將棉繩鉤在車頭的竹籤上，轉動輪子即可上緊打包帶發條。

❺ 如果輪胎打滑，可在輪子內塞黏土增加重量，增加輪子與地面間的摩擦力。

科 學 探 究

打包帶具有彈性，可以用來當發條，將棉繩套到輪軸上的發條鉤開始轉動收線時，打包帶會彎曲變形產生彈力，此時放手就能帶動車子前進。打包帶的長度與彎曲程度會影響彈力大小，若瞬間釋放的彈力過大，使得車輪與地面間的摩擦力不足以支撐車子加速時的力，造成車子打滑。遇上這個狀況時，可以在輪子內塞黏土增加重量，使輪子作用在地面的正向力增加，產生更大的摩擦力，防止打滑。

關 主 的 話

這個任務的關鍵是在彈力、摩擦力與車輛總重之間找到平衡：彈力過大會造成輪子打滑，增加車身重量雖然可以解決這個問題，車子卻也可能因為重量過重而跑不遠。車輛性能的調校也是如此：增加引擎動力之餘，也需要相關零組件的配合，才能一同提升安全與性能。孩子可以在挑戰過程中練習用科學方法找到問題答案，找尋變因有系統的進行實驗，更能深刻體會現實世界的問題沒有單一解答，唯有經過理性客觀的分析，逐步找到解決問題的方法。

-PART-
4

防護
求生篇

安全防護產品隨處可見，大至高樓建築、交通工具，小至物品包裝，其中不乏涉及生命安全的設計，本篇以「防護求生」為核心目標，設計多項任務，引導大家從過程中了解日常生活產品的相關設計理念，與涉及的科學概念。

26 雞蛋碰碰紙飛車

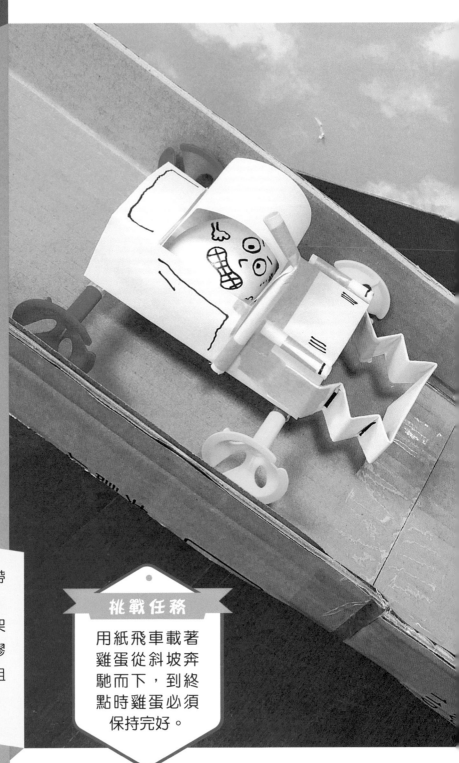

任務道具

雞蛋、遮蔽膠帶
2張A4影印紙
吸管、氣球拖架
氣球棍、熱熔膠
長紙板、能夠阻
擋車子的重物

挑戰任務

用紙飛車載著
雞蛋從斜坡奔
馳而下，到終
點時雞蛋必須
保持完好。

任務搜查線

A 紙張柔軟輕薄，要如何設計製作，才能避免雞蛋在車子下滑或碰撞時掉出車外？

B 你會如何設計緩衝機制，讓雞蛋在撞擊瞬間安全「存活」下來（圖中「車體潰縮」概念解釋請見「科學探究」）。

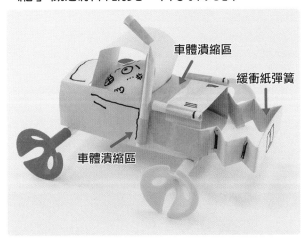

車體潰縮區

緩衝紙彈簧

車體潰縮區

❶ 用紙張折出車體，預留放雞蛋的空間，紙張銜接處可用膠帶黏貼。車底用熱熔膠黏上吸管當作軸承，再穿過氣球棍與托架，車體就完成囉。

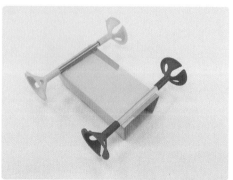

❷ 製作緩衝桿或利用車體結構潰縮來緩衝碰撞力道。

146

❸ 利用長紙板架設斜面，在終點放置能
夠阻擋車子的重物。

❹ 裝飾車體與雞蛋，最後將
蛋放入車內。

❺ 從最高點放開紙飛車，最後在終點處檢查雞蛋是否完好。

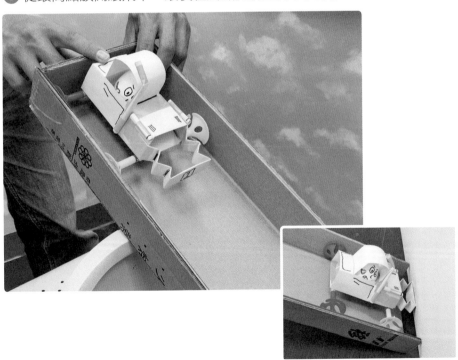

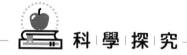

請回想乘坐交通工具的經驗：如果在移動時忽然煞車，你會因為慣性作用被拋離而感到不適，但若是慢慢煞車就不會有明顯不適的感受。這代表，從動態轉為靜態的時間越長，所受的衝擊力道就越小。這個挑戰的重點在於讓大家思考如何用車體結構延長這段時間，避免雞蛋因為受到衝擊而破裂。實作攻略分享的方式是利用紙張摺疊來製作彈簧，作為車頭撞擊時的緩衝，車體部分則是利用兩層紙張來製作，如果只用一層紙張，車體剛性不足容易變形、破裂，太多層會讓車體更堅硬，除非特別設計皺褶，否則不容易靠車體潰縮變形的方式來緩衝撞擊能量。

關 主 的 話

數十年前的車輛設計，多半傾向製造一台相當堅固的車體，但隨著科技發展與進步，汽車製造業開始利用「潰縮設計」來提升撞擊安全性。現今的車輛多在車頭及車尾區域使用強度較低的鋼材，並設計凹陷，發生碰撞時，鋼材會如同手風琴一樣四折，以吸收撞擊力道，也延長車輛碰撞後至停止的時間，減少乘客受到的衝擊。這個挑戰製作簡單，可快速實踐想法與測試，能夠具體看到緩衝設計對車輛安全的意義，不見得每次都能夠成功，可以觀察車體碰撞後的變形情況來修正設計。

製作冰棒棍小車，用橡皮筋固定雞蛋，車子滑下斜坡撞擊終點時，雞蛋必須保持完好。

27 撞擊防護實驗

任務搜查線

A 冰棒棍車體堅固，撞擊瞬間力道會直接作用在雞蛋上，如何靠橡皮筋固定雞蛋，又保持彈性來緩衝碰撞？綁太牢固也可能造成擠壓碰撞喔！

任務道具

雞蛋、冰棒棍
橡皮筋、熱熔膠
氣球棍、氣球拖架
吸管、紙板斜面
能夠阻擋車子的重物

B 雞蛋的乘坐位置與整台車的重心息息相關。重心位置不對時，車子在衝撞終點時可能會造成翻車，你覺得怎麼配置比較好呢？

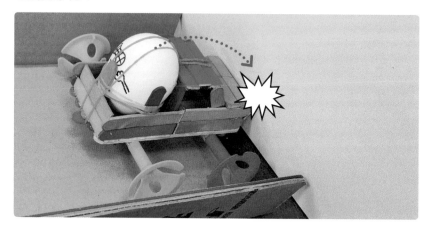

實作攻略

❶ 用熱熔膠黏接冰棒棍，製作車子底盤與輪軸。

❷ 將雞蛋放到車上,並纏上橡皮筋作為緩衝安全帶。

❸ 利用長紙板架設斜面,在終點放置能夠阻擋車子的重物。

❹ 倒數3、2、1,接著放手讓小車往下衝,最後在終點處檢查雞蛋是否完好。

車體的潰縮設計可以降低乘客受到撞擊時的傷害,而車內的安全帶與氣囊也提供重要保護。這個任務挑戰正是利用橡皮筋充當安全帶與氣囊,以固定雞蛋並提供撞擊時所需的緩衝。橡皮筋具有彈性,受到外力時產生形變,因此將雞蛋固定在冰棒棍車體上時,兩者間需預留位移空間,才能真正避免碰撞。

製作時需考量乘載雞蛋後盡量降低整輛車的重心位置,假設車子在45度斜坡底部撞擊牆面,A、B兩個重心位置雖然所受的重力與加速度相同,但由於A點到牆面的距離(力臂)比B點長,產生的力矩較大,所以比較不容易翻覆。

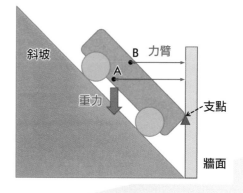

關主的話

車輛安全除了靠車體結構,車內的安全帶與安全氣囊也很重要。安全帶可以保護乘客在撞擊瞬間,免於受到慣性作用而拋出車外,而安全氣囊則是在撞擊瞬間引爆充氣,人撞上時又開始洩氣,因而緩衝撞擊的能量。這個挑戰轉化了上述安全設計概念,利用容易取得的橡皮筋作為緩衝,讓大家思考如何透過橡皮筋綑綁雞蛋,來緩衝車體碰撞瞬間雞蛋所受的衝擊。你也可以結合雞蛋碰碰紙飛車的概念,製作一台高規格的安全車輛,或是加入吸管、海綿、氣球等材料進行設計,玩出更多變化。

—挑戰難度—
★★

28 護蛋快遞

挑戰任務

包裝1顆雞蛋，挑戰你能從多高的地方丟下包裹，蛋卻不會破裂。

 任務搜查線

A 市售產品常使用哪些防撞材料作為防護呢？想一想，為何這些材料具有緩衝功能？

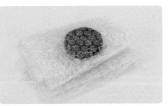

任務道具

雞蛋、衛生紙捲
紙箱、膠帶
粗橡皮筋
任何你想嘗試的
材料

任務搜查線

B 你覺得還有哪些材料與方法可以用來保護雞蛋？畫下你的
想法，並試著解釋（下圖為設計範例）。

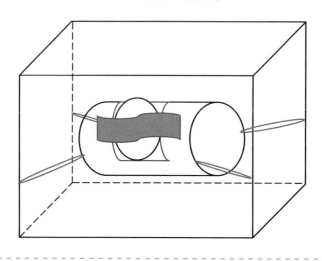

實作攻略

① 裁切衛生紙捲中段，塞進雞蛋後用膠帶固定。

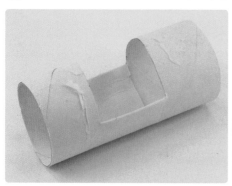 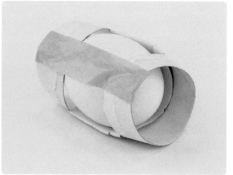

154

❷ 將粗橡皮筋穿過紙捲。在紙箱邊角裁出裂縫，將橡皮筋穿出裂縫打結固定，固定時確認雞蛋周圍與紙箱間保有一段緩衝空間，並在橡皮筋打結處上方貼一圈膠帶，防止橡皮筋鬆脫，最後蓋妥上蓋。

❸ 將紙箱從高處往下丟，可以逐次增加高度，挑戰哪種設計最耐摔（本設計經實測至少可從250公分高度丟下，蛋也不會破裂）。

　　緩衝材料在外力作用時能吸收能量，分散作用力而保護物品。市售產品常用的氣泡墊、海綿、保麗龍等材料，有不同的彈性係數，分別保護不同重量、種類的物品，例如輕巧的物品使用氣泡墊，較重或可能會承受較強撞擊的物品就常用保麗龍，例如家電裝箱的緩衝材料或安全帽內層。本次挑戰的主角「雞蛋」脆弱易破，適合用質輕且有彈性的材料作為緩衝，可以依照這個原則選擇材料。

關 主 的 話

　　這個挑戰的難易度可依挑戰者年齡做調整，例如設定不同高度、限制材料種類與數量，或是規定製作時間。年紀較小的孩子可以提供多樣實驗材料，增加對各種材料特性的理解；年紀較大的孩子可以限制使用材料，深入探究如何運用，甚至複合使用。先前提醒大家先畫設計圖，並解釋想法，再尋找材料進行實作，最後驗證並提出修正，這樣的過程有助於提升設計思考能力。

任務道具

塑膠袋
（布、報紙、咖啡濾紙）

棉線、重物

橡皮筋、打洞機

剪刀、膠帶

計時器

挑戰任務

製作一面降落
傘，挑戰最長
滯空時間。

任務搜查線

A 重物與傘面的大小、材質似乎是影響降落傘滯空時間長短的關鍵，你會如何調整來延長滯空時間？

B 真正的降落傘傘面是立體造型，而且上方還有開孔，這樣的設計會延長滯空時間嗎？還是另有目的？動手改造你的降落傘來試試。

158

❶ 將塑膠袋裁切成正方形傘面，並用打洞機在4個角落打洞。

❷ 在4個洞上分別綁上棉線，棉線長度可以自行調整，然後將4條棉線綁在一起。

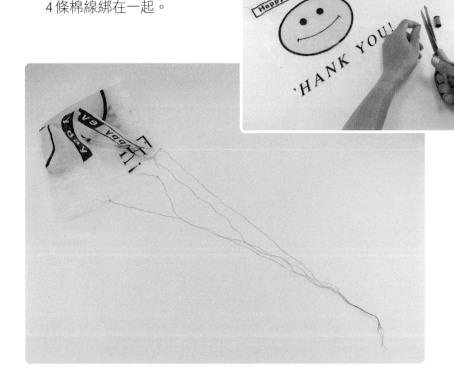

❸ 線尾可纏上橡皮筋，方便替換
重物。

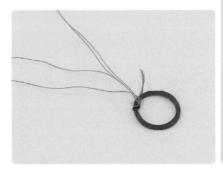

❹ 從高處放下降落傘，
以計時器量測滯空時
間（建議至少離地
200公分，比較好量
測時間）。

科學探究

　　降落傘傘面受到空氣阻力作用，傘面越大受到的阻力也越大。真正的降落傘，傘面呈弧形立體狀，空氣不容易流散，能提供更多阻力；傘面上的開孔與傘繩長度也會影響穩定度，開洞的數量與長度過與不及都不好。製作一面成功的降落傘並不難，但要挑戰滯空時間就得調整各種變因，挑戰者可依照上述提示進行實驗，找到最佳參數。

關主的話

　　降落傘幾乎是每個人都曾玩過的遊戲，基本原理不難，但觀察各式各樣的降落傘，例如定點跳傘、特技跳傘，或回收執行完太空任務的設備時所用的降落傘等等，它們的形狀與設計都不太相同。例如傘兵進行定點跳傘所使用的跳傘略呈半球狀，頂部有個排氣孔，如果沒有外在因素干擾，它就會垂直下墜；特技表演則使用方傘，形狀呈長方形，具有上下兩層傘衣，空氣流過其間形成推力與升力，類似滑翔機一樣，還可以控制下降速度與轉向。這個任務所做的降落傘屬於定點跳傘，如果你已經掌握設計關鍵，可以到戶外進行定點著陸挑戰，學習如何修正風向所帶來的影響。

30天搖地動抗震屋

任務道具

10根義大利麵條
塑膠瓦楞板
厚紙板、棉繩
瓦楞紙板、竹籤
遮蔽膠帶、馬達
電池組、熱熔膠條
長尾夾、錐子
熱熔膠、布膠帶
重物、計時器

A 用義大利麵當柱子能夠禁得起天搖地動？如何用有限的義大利麵條進行結構設計？

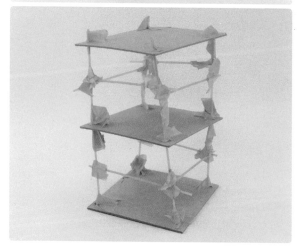

B 請評估實作過程可能遇到的困難，要如何因應才能減少失誤？

❶ 在30分鐘內組好義大利麵屋。首先裁切3片邊長約10公分的正方形紙板,並在4個角落打洞。

❷ 以紙杯當作鷹架,分別將4根義大利麵穿過紙板邊角的孔洞。

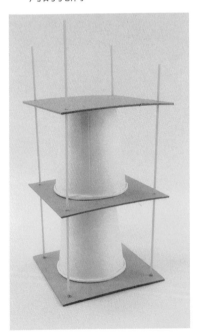

❸ 用遮蔽膠帶黏貼固定義大利麵與紙板,4根支柱都完成後再抽出紙杯。

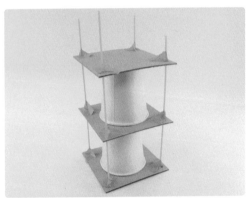

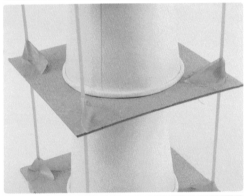

④ 利用剩餘的 6 根義大利麵補強結構，完成義大利麵屋。

⑤ 接著在A4塑膠瓦楞板兩側黏上約5公分高的台座。

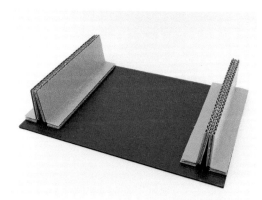

⑥ 裁切2片邊長約10公分的正方形塑膠瓦楞板，相疊黏合增加強度。將2條棉繩穿過瓦楞板縫隙後分別打上小繩圈，再依圖片所示綁上橡皮筋，就完成搖晃台了。

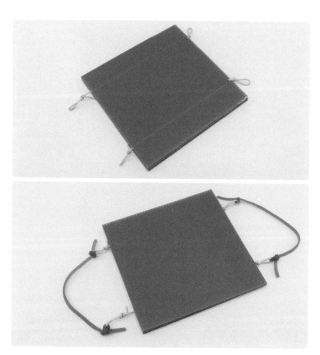

❼ 在台座的瓦楞紙板縫隙插上竹籤,再將搖晃台的橡皮筋套上竹籤。

❽ 組合馬達電池組,並剪一段長約3公分的熱熔膠條,戳洞後套上馬達軸心,作為震動馬達。

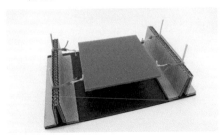

❾ 用熱熔膠將震動馬達黏在搖晃台面,再把長尾夾夾到熱熔膠條上,調整位置可以改變震動頻率。

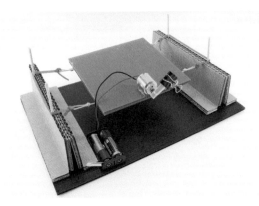

❿ 用布膠帶將義大利麵屋固定在搖晃台上,屋頂再固定一個重物,然後打開馬達開關,開始來一場天搖地動。

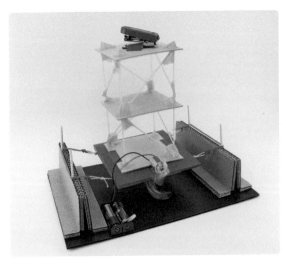

　　建築物常用的抗震方式有3種：耐震、制震與隔震。耐震是依據新版建築技術規範興建中的建築物，具高標準的耐震能力，遇上地震也不會輕易倒塌。制震是在梁柱結構中架設消耗能量的裝置，可以吸收部分的地震能量，減小建築物的震動。隔震是在建築結構的下方安裝隔離裝置，就如同房屋站在超大型的滑板上，隔離裝置就像滑輪，在震動傳遞至房屋前，就透過輪子把能量隔離開來。實作攻略中的示範類似制震設計：義大利麵條有些許彈性，搖晃時斜向支撐可以吸收部分壓力，雖然不像實際制震器可以吸收建築物搖晃時所產生的拉力或壓力，但已足夠從實作中進行觀察。

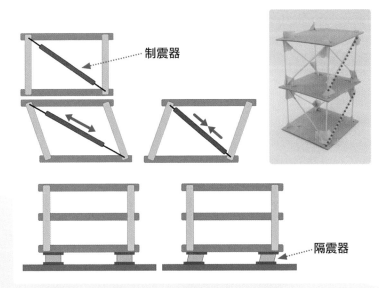

關|主|的|話

　現實生活中不容易觀察到建築物抗震設計的運作情形，透過這個挑戰，可以更直觀的認識抗震概念。建議實作前先閱讀科學探究單元，找尋相關科技知識，再進行設計實作，會更容易掌握技巧。也提醒大家在黏貼梁柱與樓板時，從不同角度檢查以避免房屋歪斜，這是完成挑戰任務的基本功。

31 絕熱保溫杯

挑戰任務

利用有限的材料製作保溫杯，挑戰15分鐘內溫度下降越少越好。

任務道具

大小塑膠杯
保麗龍球
白紙、黑紙
鋁箔紙、棉花

168

A 想想生活中所使用的保溫物品，如保溫杯、蛋糕盒、羽毛衣等，會使用哪些材料或設計？

B 你知道熱是如何傳遞的嗎？請用該原理進行發想，運用任務道具設計保溫杯（下圖為設計範例）。

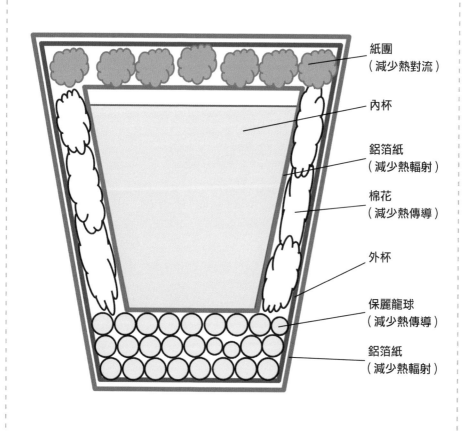

紙團
（減少熱對流）

內杯

鋁箔紙
（減少熱輻射）

棉花
（減少熱傳導）

外杯

保麗龍球
（減少熱傳導）

鋁箔紙
（減少熱輻射）

❶ 在內、外杯間填充材質，可以複合或任意排列堆疊。

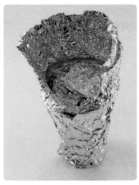 

❷ 內杯裝入熱水後，先記錄溫度再蓋上鋁箔紙，接著再鋪一層紙團，最後包覆外層的鋁箔紙。

❸ 15分鐘後再次量取內杯水溫，挑戰保溫效果，降溫越少越厲害(本設計經實測，水溫從73度降至63度)。

科 學 探 究

　　熱量都會從高溫處傳至低溫處，可以透過傳導、對流和輻射的方式來傳遞。傳導是指熱經由物體，從溫度高的地方傳到溫度低的地方，通常金屬導熱速度最快，液體次之，氣體最慢，而木材和塑膠則不易導熱。對流是說明透過液體或氣體循環流動來傳遞熱量，例如對著熱湯吹氣，使周遭空氣與湯產生對流，把熱量帶走加速冷卻。熱輻射可以不經過物體傳導或對流，直接透過熱源四處傳遞，光亮平整的鏡面材質則可以反射熱能。

關 主 的 話

　　保溫瓶設計原理是減少熱的傳遞達到保溫效果，例如瓶口橡膠是不良導體，可以防止熱傳導，並阻隔外界空氣產生對流；雙層瓶壁間抽真空，可防止熱量透過空氣傳遞；瓶子內壁光亮如鏡，可以反射熱輻射。你可以用任何方式使用任務道具，減少熱傳遞的發生，達到保溫的效果。大家可以先了解熱傳遞的原理，再思考如何應用符合科學概念的技術。例如空氣是不良導體，但熱卻可在其間產生對流，可以思考哪些材料或設計可以讓空氣不容易流動，隔熱效果就會越好。年紀大一點的孩子可以融入更符合現實需求的設計，例如杯子的重量、造型美感或成本。

－挑戰難度－
★★

32 恐龍獵人

任務道具

瓦楞紙板、剪刀
打包帶、棉繩
雙面泡棉膠帶
遮蔽膠帶、膠帶
恐龍玩具

任務搜查線

A 觀察套索陷阱，你覺得踩踏哪個位置會啟動裝置？並說明每個物件的功能。

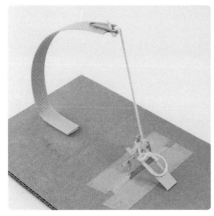

B 獵物的重量會影響每個物件的尺寸設定，打包帶的長度關係著彈性大小，套索的繩長會影響打包帶回彈的力量，需反覆嘗試與修正，累積獵人經驗值。

❶ 剪取適當長度的打包帶以雙面泡棉膠黏在瓦楞紙板上，打包帶頂端用膠帶黏妥綁有棉繩的迴紋針。

❷ 剪取1條細長的打包帶，彎曲成U形，用膠帶固定在紙板上。

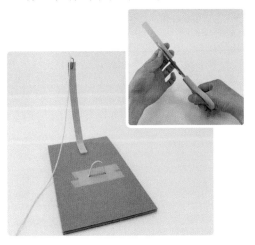

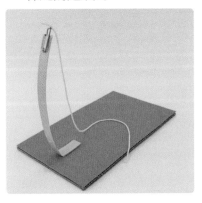

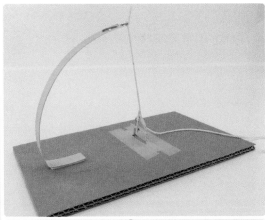

❸ 再剪取2條細長的打包帶，一條綁在棉繩中段適當位置處，另一條作為卡榫。

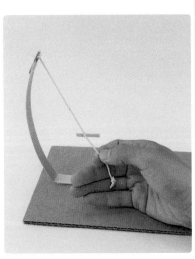

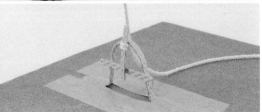

④ 用打包帶剪裁1片踏板，放在卡榫上。再在繩尾
打個套索結放在踏板上，陷阱就完成囉。

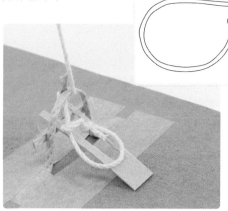

⑤ 獵物踏入套索繩圈、踩下踏板，隨即
被捕捉。

陷阱常運用簡單的機械裝置，經由觸發產生機關連動，達到狩獵需求。這類型的陷阱實際上是選用具有彈性的樹枝或竹籐等材料，至於選用的長短粗細則取決於獵物的類型，較大型的獵物就要選擇彈性較硬的材質，才有足夠的牽制力

踩踏脫落

量。另一個有趣的機關在卡榫處，此處就如同一組槓桿，當橫向卡榫被踩踏脫落，垂直的棒子受到繩子拉扯施力，會以頂在U形環處為支點，往黑色箭頭方向（右上方）旋轉，隨即拉扯套索捉住獵物。

關|主|的|話

這個任務帶挑戰者體驗陷阱製作原理，結構雖然容易理解，但只要捕捉的獵物不同，選用材料的彈性、繩子長短、套索大小都需要重新實驗。例如將捕捉的玩具公仔改為裝滿水的寶特瓶，就無法再用打包帶進行設計製作；獵人們也是如此，針對不同獵物，必須調整選材與設計。如同科學研究，要在野地裡設陷阱，學習「觀察」非常重要，了解獵物足跡、習性，配合調整陷阱的路徑位置、高度等等，完成後還需就地取材做適當的掩飾，讓獵物不易察覺而落入陷阱。當個獵人是不是很不容易呢？

挑戰紀錄單

　　本書內文架構導入常見的設計流程思維，扼要提出重點與參考。挑戰者可參照下列圖示流程進行思考，利用下頁表單格式記錄想法，有助於培養解決問題的思維。

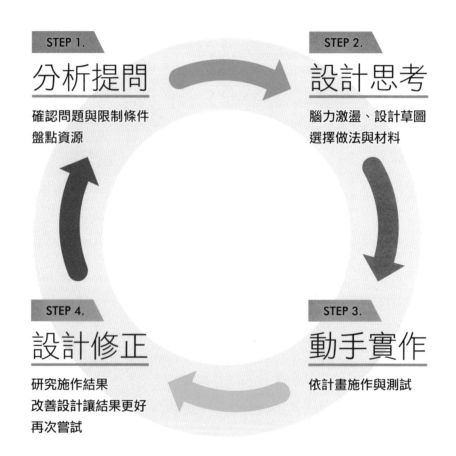

STEP 1.
分析提問
確認問題與限制條件
盤點資源

STEP 2.
設計思考
腦力激盪、設計草圖
選擇做法與材料

STEP 4.
設計修正
研究施作結果
改善設計讓結果更好
再次嘗試

STEP 3.
動手實作
依計畫施作與測試

挑戰任務 _____ 挑戰日期 _____

- 畫下設計草圖，並標示重點，描述設計理念：

```

```

- 設計圖中所需的材料有：

_____

_____

- 動手挑戰的結果：

_____

_____

- 我覺得這個設計成功與失敗的地方是：

成功：_____

失敗：_____

- 我發現這個挑戰的關鍵是：

_____

- 如果再做一次，我會調整：

_____

_____

_____

挑戰任務 _____ **挑戰日期** _____

- 畫下設計草圖，並標示重點，描述設計理念：

```
┌────────────────────────────────────────────────┐
│                                                │
│                                                │
│                                                │
│                                                │
│                                                │
│                                                │
│                                                │
└────────────────────────────────────────────────┘
```

- 設計圖中所需的材料有：

_____

_____

- 動手挑戰的結果：

_____

_____

- 我覺得這個設計成功與失敗的地方是：

　成功：_____

　失敗：_____

- 我發現這個挑戰的關鍵是：

_____

- 如果再做一次，我會調整：

_____

_____

_____

挑戰任務 ＿＿＿＿＿＿＿＿＿＿＿＿＿＿ **挑戰日期** ＿＿＿＿＿＿＿＿

- 畫下設計草圖，並標示重點，描述設計理念：

- 設計圖中所需的材料有：

＿＿＿＿＿＿＿＿＿＿＿＿＿＿＿＿＿＿＿＿＿＿＿＿＿＿＿＿＿＿＿＿＿＿

＿＿＿＿＿＿＿＿＿＿＿＿＿＿＿＿＿＿＿＿＿＿＿＿＿＿＿＿＿＿＿＿＿＿

- 動手挑戰的結果：

＿＿＿＿＿＿＿＿＿＿＿＿＿＿＿＿＿＿＿＿＿＿＿＿＿＿＿＿＿＿＿＿＿＿

＿＿＿＿＿＿＿＿＿＿＿＿＿＿＿＿＿＿＿＿＿＿＿＿＿＿＿＿＿＿＿＿＿＿

- 我覺得這個設計成功與失敗的地方是：

成功：＿＿＿＿＿＿＿＿＿＿＿＿＿＿＿＿＿＿＿＿＿＿＿＿＿＿

失敗：＿＿＿＿＿＿＿＿＿＿＿＿＿＿＿＿＿＿＿＿＿＿＿＿＿＿

- 我發現這個挑戰的關鍵是：

＿＿＿＿＿＿＿＿＿＿＿＿＿＿＿＿＿＿＿＿＿＿＿＿＿＿＿＿＿＿＿＿＿＿

- 如果再做一次，我會調整：

＿＿＿＿＿＿＿＿＿＿＿＿＿＿＿＿＿＿＿＿＿＿＿＿＿＿＿＿＿＿＿＿＿＿

＿＿＿＿＿＿＿＿＿＿＿＿＿＿＿＿＿＿＿＿＿＿＿＿＿＿＿＿＿＿＿＿＿＿

＿＿＿＿＿＿＿＿＿＿＿＿＿＿＿＿＿＿＿＿＿＿＿＿＿＿＿＿＿＿＿＿＿＿

國家圖書館出版品預行編目資料

STEAM大挑戰：32個趣味任務,開發孩子的設計
思考力＋問題解決力 / 許兆芳著. -- 初版. --
臺北市：商周出版：家庭傳媒城邦分公司發
行, 2018.11
    面；　公分. -- (商周教育館；20)
ISBN 978-986-477-547-7(平裝)

1.科學實驗 2.通俗作品

303.4   107016465

商周教育館 20

STEAM大挑戰：

32個趣味任務，開發孩子的設計思考力＋問題解決力

作　　　者／許兆芳
企畫選書／羅珮芳
責任編輯／羅珮芳

版　　　權／吳亭儀、江欣瑜
行銷業務／周佑潔、黃崇華、賴玉嵐
總　編　輯／黃靖卉
總　經　理／彭之琬
事業群總經理／黃淑貞
發　行　人／何飛鵬
法律顧問／元禾法律事務所王子文律師
出　　　版／商周出版
　　　　　　台北市104民生東路二段141號9樓
　　　　　　電話：(02) 25007008　傳真：(02)25007759
　　　　　　E-mail：bwp.service@cite.com.tw
發　　　行／英屬蓋曼群島商家庭傳媒股份有限公司城邦分公司
　　　　　　台北市中山區民生東路二段141號2樓
　　　　　　書虫客服服務專線：02-25007718；25007719
　　　　　　24小時傳真專線：02-25001990；25001991
　　　　　　服務時間：週一至週五上午09:30-12:00；下午13:30-17:00
　　　　　　劃撥帳號：19863813；戶名：書虫股份有限公司
　　　　　　讀者服務信箱：service@readingclub.com.tw
　　　　　　城邦讀書花園 www.cite.com.tw
香港發行所／城邦（香港）出版集團
　　　　　　香港灣仔駱克道193號東超商業中心1F_ E-mail：hkcite@biznetvigator.com
　　　　　　電話：(852) 25086231　傳真：(852) 25789337
馬新發行所／城邦（馬新）出版集團【Cite (M) Sdn Bhd】
　　　　　　41, Jalan Radin Anum, Bandar Baru Sri Petaling, 57000 Kuala Lumpur, Malaysia.
　　　　　　Tel：(603)90563833　Fax：(603)90576622　Email：services@cite.my

封面設計／陳文德
內頁設計／林曉涵
內頁排版／林曉涵
印　　　刷／中原造像股份有限公司
經　銷　商／聯合發行股份有限公司　新北市231新店區寶橋路235巷6弄6號2樓
　　　　　　電話：(02) 29178022　傳真：(02) 29110053

■ 2018年11月27日初版　　　　　　　　　　　　　　　Printed in Taiwan
■ 2022年 9 月26日初版7.5刷
定價360元

104　台北市民生東路二段141號2樓

英屬蓋曼群島商家庭傳媒股份有限公司城邦分公司　收

- -

請沿虛線對摺，謝謝！

| 書號：BUE020 | 書名：STEAM 大挑戰 | 編碼： |

商周出版

讀者回函卡

感謝您購買我們出版的書籍！請費心填寫此回函
卡，我們將不定期寄上城邦集團最新的出版訊息。

線上版讀者回函卡

姓名：＿＿＿＿＿＿＿＿＿＿＿＿＿＿＿＿＿ 性別：□男 □女

生日：西元＿＿＿＿＿＿年＿＿＿＿＿＿月＿＿＿＿＿＿日

地址：＿＿＿＿＿＿＿＿＿＿＿＿＿＿＿＿＿＿＿＿＿＿＿

聯絡電話：＿＿＿＿＿＿＿＿ 傳真：＿＿＿＿＿＿＿＿

E-mail：

學歷：□ 1. 小學 □ 2. 國中 □ 3. 高中 □ 4. 大學 □ 5. 研究所以上

職業：□ 1. 學生 □ 2. 軍公教 □ 3. 服務 □ 4. 金融 □ 5. 製造 □ 6. 資訊

□ 7. 傳播 □ 8. 自由業 □ 9. 農漁牧 □ 10. 家管 □ 11. 退休

□ 12. 其他＿＿＿＿＿＿＿＿＿＿＿＿＿＿＿＿

您從何種方式得知本書消息？

□ 1. 書店 □ 2. 網路 □ 3. 報紙 □ 4. 雜誌 □ 5. 廣播 □ 6. 電視

□ 7. 親友推薦 □ 8. 其他＿＿＿＿＿＿＿＿＿＿＿＿

您通常以何種方式購書？

□ 1. 書店 □ 2. 網路 □ 3. 傳真訂購 □ 4. 郵局劃撥 □ 5. 其他＿＿＿

您喜歡閱讀那些類別的書籍？

□ 1. 財經商業 □ 2. 自然科學 □ 3. 歷史 □ 4. 法律 □ 5. 文學

□ 6. 休閒旅遊 □ 7. 小說 □ 8. 人物傳記 □ 9. 生活、勵志 □ 10. 其他

對我們的建議：＿＿＿＿＿＿＿＿＿＿＿＿＿＿＿＿＿＿＿

＿＿＿＿＿＿＿＿＿＿＿＿＿＿＿＿＿＿＿＿＿＿＿＿＿

＿＿＿＿＿＿＿＿＿＿＿＿＿＿＿＿＿＿＿＿＿＿＿＿＿